负荷实测及线损
理论计算手册

国网安徽省电力有限公司设备管理部
国网安徽省电力有限公司滁州供电公司 编

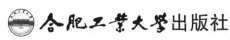
合肥工业大学出版社

图书在版编目(CIP)数据

负荷实测及线损理论计算手册/国网安徽省电力有限公司设备管理部,国网安徽省电力有限公司滁州供电公司编.—合肥:合肥工业大学出版社,2023.7

ISBN 978-7-5650-6378-7

Ⅰ.①负… Ⅱ.①国… ②国… Ⅲ.①电力负荷—预测—手册②线损计算—手册 Ⅳ.①TM714-62②TM744-62

中国国家版本馆 CIP 数据核字(2023)第 130326 号

负荷实测及线损理论计算手册

FUHE SHICE JI XIANSUN LILUN JISUAN SHOUCE

国网安徽省电力有限公司设备管理部
国网安徽省电力有限公司滁州供电公司　编

责任编辑	张择瑞
出版发行	合肥工业大学出版社
地　　址	(230009)合肥市屯溪路 193 号
网　　址	press.hfut.edu.cn
电　　话	理工图书出版中心:0551-62903204
	营销与储运管理中心:0551-62903198
开　　本	710 毫米×1010 毫米　1/16
印　　张	8.75
字　　数	166 千字
版　　次	2023 年 7 月第 1 版
印　　次	2023 年 7 月第 1 次印刷
印　　刷	安徽昶颉包装印务有限责任公司
书　　号	ISBN 978-7-5650-6378-7
定　　价	38.00 元

如果有影响阅读的印装质量问题,请与出版社营销与储运管理中心联系调换。

编 委 会

前　言

线损是衡量供电公司经济效益的一项重要指标。随着电力体制改革的不断深化,节能降损工作是电力企业提高经济效益和开展优质服务的重要举措。为适应公司工作要求,科学地诊断出技术线损薄弱环节,指导和规范公司技术降损工作,我们结合安徽地区实际,总结近年来负荷实测及线损理论计算工作的一些实践和体会,并参考了国内外的有关资料,编写了这本手册。

本手册由电力网负荷实测与线损理论计算基本概念、负荷实测计算与分析、理论线损计算与分析、技术降损、新能源接入对技术线损的影响等部分组成。该手册适用于指导安徽地区节能降损工作,期望给从事本专业的工作人员提供一个较满意的自学资料,让他们能迅速掌握本专业管理要点,提高其理论水平和业务技能;也可用作从事电网规划、运行等专业人员的工具书。

由于我们的业务水平有限,经验不足,再加上我们过去的工作有一定的局限性,书中难免会有不少缺点,欢迎读者批评指正。

编　者

2023 年 6 月

目　　录

第一章　基础知识 ……………………………………………………… (001)

　　第一节　基本概念 ………………………………………………… (001)

　　第二节　元件参数 ………………………………………………… (002)

　　第三节　实测参数 ………………………………………………… (005)

　　第四节　计算参数 ………………………………………………… (006)

第二章　负荷实测 ……………………………………………………… (027)

　　第一节　负荷实测定义 …………………………………………… (027)

　　第二节　实测范围 ………………………………………………… (027)

　　第三节　负荷实测代表日 ………………………………………… (027)

　　第四节　负荷实测方法 …………………………………………… (028)

　　第五节　负荷实测要求 …………………………………………… (028)

　　第六节　电网元件实测指标分析 ………………………………… (029)

　　第七节　实测结果应用及案例 …………………………………… (032)

　　第八节　实测工作流程 …………………………………………… (033)

第三章　线损理论计算 ………………………………………………… (034)

　　第一节　35kV 及以上电力网线损计算 ………………………… (034)

　　第二节　10kV 配电网线损计算 ………………………………… (050)

　　第三节　400V 电网线损计算 …………………………………… (058)

　　第四节　电网元件损耗计算 ……………………………………… (061)

　　第五节　电网元件潮流计算结果修正 …………………………… (071)

　　第六节　台区损耗计算 …………………………………………… (075)

　　第七节　直流输电系统线损理论计算 …………………………… (080)

第八节　其他损耗计算(站用电) ……………………………………… (087)

第九节　计算结果分析与应用 ……………………………………… (087)

第四章　技术降损 ……………………………………………………… (094)

第一节　规划设计 …………………………………………………… (094)

第二节　电网改造(10kV分断点、线径扩容、主变增容) ………… (097)

第三节　节能技术应用 ……………………………………………… (099)

第四节　无功补偿配置 ……………………………………………… (107)

第五节　运行方式优化(变压器经济运行、最优潮流、线路) ……… (111)

第六节　三相负荷平衡优化 ………………………………………… (116)

第七节　加强电力网维护 …………………………………………… (119)

第五章　新能源接入对理论线损影响 ………………………………… (120)

第一节　新能源发展现状 …………………………………………… (120)

第二节　分布式发电分类及原理 …………………………………… (121)

第三节　分布式发电接入配电网方式 ……………………………… (125)

第四节　分布式电源接入配电网对线损的影响 …………………… (126)

参考文献 ……………………………………………………………… (132)

第一章　基础知识

第一节　基本概念

一、代表日

按照一定原则选定的负荷实测日期,简称代表日。

二、负荷实测

负荷实测为满足线损理论计算和电网设备负载情况分析的需要,开展的电网各元件相关运行参数的实时测录。

三、线损理论计算

线损理论计算为省、地市(县)供电公司对其所属输、变、配电设备,根据电网在某一运行方式下的实际负荷和供电设备参数情况,计算电网和电网中每一元件的理论有功功率损耗、无功功率损耗和在一定时间内的输送和分配电能时的电能损耗。

四、典型台区

台区通常是指配电网中,一台或多台变压器的供电范围或区域。由于季节(夏冬)、生产特性(季节性生产等)、用户类型(居民、工业、商业、公用事业)和所占比例等因素的影响,每个台区负荷特性差异较大。

典型台区是为了摸清负荷特性、研究电网运行规律,根据特定条件筛选出的具有代表性的台区。

五、运行方式

运行方式是根据电力系统实际情况(即电网网架结构、电网在各负荷情况下的运行特性、主要厂站主接线方式及保护配合等),合理使用资源(石化、水力、核能、生物质能、风力、太阳能等),使整个系统在安全、优质、经济运行情况下的决策。

合理的电网结构是各种运行方式的基础,约束和规定了电网的运行方式。

其分类,按时域分为年、季度和日运行方式(正常运行方式),按系统状态分为正常运行方式、事故运行方式和特殊运行方式(也称检修运行方式)。

经济运行方式指线路合理分段,配电线路互联互供、合环和开环等。

第二节 元件参数

一、变压器

1. 额定参数

变压器制造厂按照国家标准,根据设计和试验数据规定的每台变压器的正常运行状态和条件,称为额定运行情况。表征变压器额定运行情况的各种数值如功率、电压、电流、频率等称为变压器的额定参数。额定参数一般标记在变压器的铭牌或产品说明书上,变压器的额定参数主要有:

(1)额定容量

额定容量是变压器的额定视在功率,以伏安、千伏安或兆伏安表示。在变压器铭牌上规定的容量就是额定容量,是指分接开关位于主分接,是额定空载电压、额定电流与相应的相系数乘积。对三相变压器而言,额定容量等于三倍的额定相电压与相电流之积。

变压器额定容量的计算公式:

单相变压器: 额定容量 $S_N = U_N \cdot I_N$ (1-1)

三相变压器: 额定容量 $S_N = \sqrt{3} U_N \cdot I_N$ (1-2)

(2)额定电压

额定电压分为原边额定电压及副边额定电压。原边额定电压是指规定夹在一次侧的电压。副边额定电压是指当变压器一次侧施加额定电压时,二次侧的开路电压。对于三绕组变压器,额定电压是指线电压。

由于变压器绕组接于电网上运行,原、副边的额定电压必须与电网的电压等级一致,我国所用的标准电压等级为(以 kV 为单位):0.22、0.38、3、6、10、20、35、60、110、220、330、500、1000。这些数字是电网受电端的电压,电源端的电压将比这些数字高,因此变压器的额定电压可能比上列数字高 5% 或 10%。

（3）额定电流

根据额定容量和额定电压算出的流经绕组线路端子的电流，称为额定电流，表示在额定电压和额定容量条件下，变压器允许长期通过的电流，以安表示。

$$对单相变压器\ I_{1N}=S_N\div U_{1N}，I_{2N}=S_N\div U_{2N} \qquad (1-3)$$

$$对三相变压器\ I_{1N}=S_N\div\sqrt{3}U_{1N}，I_{2N}=S_N\div\sqrt{3}U_{2N} \qquad (1-4)$$

2. 技术参数

（1）空载电流

当变压器的原绕组接入额定电压，额定频率的交流电源，副绕组开路，副方电流为零时，称为变压器的空载运行。变压器空载运行时的流过原绕组的电流，称为空载电流。

对于三相变压器，空载电流是流经三相端子电流的算术平均值，通常用占该绕组额定电流的百分数 $I_0\%$ 表示，即 $I_0\%=(I_0/I_{N1})\times100\%$；对于多绕组变压器，是以具有最大额定容量的那个绕组作为基准。空载电流的作用是建立工作磁通，仅起励磁作用，因而又称励磁电流。

空载电流与变压器容量和铁芯的材料有关，容量越大的变压器，空载电流百分数 $I_0\%$ 越小，数据越小说明铁芯材质越好。当变压器在更换铁芯和重绕绕组之后，空载电流是必须测定的数值。

空载电流的数值一般不大，约为额定电流的 $2\%\sim10\%$。

（2）空载损耗

变压器的空载损耗包括铁损和铜损。空载时空载电流在原绕组中引起的铜损很小，可忽略不计，空载时变压器的主要损耗为铁损，由铁芯中的磁滞损耗和涡流损耗组成（主要为磁滞损耗，约占 85% 左右）。

（3）阻抗电压

变压器的阻抗电压也叫短路电压。将变压器高压绕组接到电源，低压绕组直接短路，当高压绕组电流达到额定值时，高压绕组上所加的电压称为短路电压。通常用它与额定电压之比的百分值来表示。

（4）短路损耗

变压器二次绕组短路，一次绕组施加电压使其电流达到额定值时，变压器从电源吸收的功率称为短路损耗，短路损耗即额定电流时的铜损。

二、线路

1. 线路电阻

电流通过导线时受到的阻力，称为电阻。电阻的存在不仅会使导线消耗有功功率并发热,而且还会造成电压降落。

$$R = r_0 L \tag{1-5}$$

其中:r_0——导线单位长度的电阻;

L——导线长度。

2. 线路电抗

导线中通过交流电流,在其内部和外部产生交变磁场,而引起电抗,以下将分情况对不同的导线介绍电抗的计算。

(1)三线制线路电抗

当三相线路对称排列时,每相每公里导线的电抗x_0为:

$$x_0 = 2\pi f L = 2\pi f \left[4.6 \lg \left(\frac{D_{cp}}{r} \right) + 0.5\mu \right] \times 10^{-4} \tag{1-6}$$

其中:f——交流电频率,Hz;

r——导线的半径,cm 或 mm;

μ——导线材料相对导磁系数,对铜、铝等有色金属,$\mu = 1$;

D_{cp}——三相导线的几何均距,cm 或 mm。

(2)分裂导线线路电抗

超高压输电线路通常采用分裂导线,这种导线方式改变了导线周围的磁场分布,等效地增大了导线半径,降低了线路电抗,提高了输送容量。分裂导线线路每相每公里电抗计算公式如下:

$$X_1 = 0.1445 \lg \left(\frac{d_{cp}}{r_e} \right) + \frac{0.015}{N} \tag{1-7}$$

其中:r_e——每相导线的计算半径,cm 或 mm;

N——每相导线中导线分裂根数;

d_{cp}——一相中分裂导线间的几何均距,cm 或 mm。

3. 电导和电纳

电导(G)表示架空线路与空气电离有关的有功功率损耗(电晕损耗),与沿绝缘子泄漏电流所致的有功功率损耗及绝缘子介质中的有功功率损耗。

通常 35kV 以下的架空线路不考虑电晕损耗、绝缘子泄漏和介质损耗。对于110kV 线路电晕损耗不考虑,但对绝缘子产生的泄漏损耗一般按线路损耗的 2%计算。

线路电纳是由导线间的电容及导线对地电容所决定的,用 B 表示。

线路电纳在110kV 及以上超高压电力网中才考虑,在35kV 以下电力网中忽略不计。

第三节　实测参数

一、天气情况

天气情况是指负荷实测日当天的天气情况,影响线损计算结果的主要是当日气温。

二、有功功率

有功功率又叫平均功率。交流电的瞬时功率不是一个恒定值,功率在一个周期内的平均值叫作有功功率,对负荷实测工作来说,这个周期就是 24 小时。它是指在变压器或线路上电阻部分所消耗的功率,以字母 P 表示。有功功率的基本单位是瓦,用 W 表示,常用单位有 kW、MW。

三、无功功率

电感(或电容)在半周期的时间里八电源的能量变成磁场(或电场)的能量储存起来,在另外半周期的时间里又把储存的磁场(或电场)能量送还给电源。它们只是与电源进行能量交换,并没有真正的消耗能量。我们把与电源交换能量的振幅值叫作无功功率,以字母 Q 表示,无功功率的基本单位是乏,用 var 表示,常用单位有 kvar、Mvar。

四、实测电量

有功电量就是有功功率乘以时间,这里的时间就是实测日一天 24 小时。
无功电量就是无功功率乘以时间,这里的时间就是实测日一天 24 小时。

五、实测电压

母线电压是指在变电站中母线上实测的电压,母线电压为线电压。

六、实测电流

实测电流主要是取实测日变电站内变压器各侧整点时的电流值,断路器上整点时的电流值。

七、变压器档位

变压器为了在不同的电源电压下输出较为标准的电压,分为若干个不同的档位,用来改变变压器绕组连接匝数,达到调节电压的目的。

第四节　　计算参数

一、负载率

负载率是指特定设备的实际运行功率与额定功率的比值。负载率是用来衡量规定时间内负载变动情况,以及考核电气设备的利用程度。

1. 变压器平均负载率

变压器平均负载率通常是指一定时间内变压器平均输出的视在功率与变压器额定容量的比值,在负荷实测工作中,是指代表日一天 24 小时的平均负荷与变压器额定容量的比值;变压器平均负载率 $\gamma_{变}$ 的计算公式为

$$\gamma_{变} = \frac{S}{S_N} \times 100\% = \frac{P_2}{S_N \cos\varphi} \times 100\% \tag{1-8}$$

式中:S—— 一定时间内变压器平均输出的视在功率,kVA;

　　　S_N—— 变压器的额定容量,kVA;

　　　P_2—— 一定时间内变压器平均输出的有功功率,kW;

　　　$\cos\varphi$—— 一定时间内变压器负载侧平均功率因数。

2. 变压器最大负载率

变压器最大负载率通常是指一定时间内变压器输出的最大视在功率与变压器额定容量的比值,在负荷实测工作中,是指代表日一天 24 小时的最大负荷与变压器额定容量的比值。

3. 变压器经济负载率

变压器经济负载率是指变压器运行效率最高时的负载率,称为变压器经济负载率。通常,当变压器的铁损等于铜损时,变压器总的损耗最小,变压器运行最为经济,一般变压器在 75% 的负载运行为最佳经济运行上限,与上限综合功率损耗率相等的另一点为经济运行区下限,上下限范围之间是变压器的经济运行区。

4. 变压器重载

变压器重载是指连续负荷在变压器容量 80% 到满载的情况。

5. 变压器过载

变压器过载是指变压器运行时,传输的功率超过变压器的额定容量。

6. 变压器轻载

变压器轻载是指变压器长期不合理地轻载运行,使其容量得不到充分利用。判别变压器是否轻载,可采取下式估算:

$$\gamma_z = 0.4\,\gamma_f \qquad\qquad (1-9)$$

式中:γ_z—— 变压器轻载临界系数;

$\quad\ \gamma_f$—— 变压器最佳负载系数。

当变压器负载系数$\gamma_z > \gamma_f$时,不属于轻载,当$\gamma_z < \gamma_f$,则属于轻载。

7. 线路平均负载率

线路平均负载率用线路开关平均电流除以该线路型号对应的载流量来计算。

8. 线路最大负载率

线路最大负载率用线路开关最大电流除以该线路型号对应的载流量来计算。

9. 线路经济负载率

线路经济负载率用线路导线经济电流除以该线路型号对应的载流量来计算。

表1-1为常见导线的经济电流及安全电流,表1-2为常见导线的载流量。

表1-1 常见导线的经济电流及安全电流

导线型号	年最大负荷利用小时下的经济电流(A)			安全电流(A)	电阻率(Ω/km)
	1500～3000h	3000～5000h	5000h以上		
LJ-16	26	18	14	105	1.98
LJ-25	41	29	23	135	1.28
LGJ-35	58	40	32	170	0.92 0.85
LGJ-50	83	58	45	220	0.64 0.65
LGJ-70	116	81	63	275	0.43
LGJ-95	157	109	89	335	0.33
LGJ-120	198	138	108	380	0.27
LGJ-150	248	173	135	445	0.21
LGJ-185	305	213	167	515	0.17
LGJ-240	396	276	216	610	0.132

表 1-2　常见导线的载流量

型号	导线线径（mm）	单位电阻率（Ω/km）	单位电抗率（Ω/km）	单位电纳率（S/km）	导线外经（mm）	导线有效半径系数	载流量（A）	经济电流（A）
LJ－50	50	0.65	0	0	0	0	231	154
LJ－35	35	0.95	0	0	0	0	183	120
LJ－400	400	0.08	/	0	/	/	/	/
LJ－70	70	0.46	0	0	0	0	291	194
LJ－95	95	0.34	0	0	0	0	351	234
LJGQ－400	400	0.08	0.406	0	27.2	0.81	0	/
LL－10	10	3.15	0	0	0	0	0	/
LL－16	16	1.97	0	0	0	0	0	/
LL－25	25	1.26	0	0	0	0	0	/
LL－6	6	5.26	0	0	0	0	0	/
LT－10	10	1.88	0	0	0	0	0	/
LT－16	16	1.175	0	0	0	0	0	/
LT－25	25	0.753	0	0	0	0	0	/
LT－6	6	3.14	0	0	0	0	0	/
LYI－300	300	0.06	0	0	0	0	0	/
NLVV－16	16	1.91	0	0	10.9	0	0	/
NLVV－25	25	1.2	0	0	12.8	0	0	/
SL2－30	30	0.89	0	0	0	0	0	/
TJ－120	120	0.16	/	0	/	/	/	/
TJ－150	150	0.12	/	0	/	/	/	/
TJ－16	16	1.2	/	0	/	/	/	/
TJ－185	185	0.1	/	0	/	/	/	/
TJ－25	25	0.74	/	0	/	/	/	/
TJ－35	35	0.54	/	0	/	/	/	/
TJ－50	50	0.39	/	0	/	/	/	/
TJ－70	70	0.26	/	0	/	/	/	/

（续表）

型号	导线线径（mm）	单位电阻率（Ω/km）	单位电抗率（Ω/km）	单位电纳率（S/km）	导线外经（mm）	导线有效半径系数	载流量（A）	经济电流（A）
TJ－95	95	0.2	/	0	/	/	/	/
VLB－95	95	0.31	0	0	0	0	0	
VLV22－10	10	3.08	0	0	0	0	45	30
VLV22－120	120	0.253	0	0	0	0	207	138
VLV22－150	150	0.206	0	0	0	0	236	155
VLV22－16	16	1.91	0	0	0	0	59	40
VLV22－185	185	0.164	0	0	0	0	270	180
VLV22－240	240	0.1	0	0	0	0	316	210
VLV22－25	25	1.2	0	0	0	0	77	51
VLV22－35	35	0.868	0	0	0	0	95	60
VLV22－4	4	7.41	0	0	0	0	26	18
VLV22－50	50	0.641	0	0	0	0	121	80
VLV22－6	6	4.61	0	0	0	0	33	20
VLV22－70	70	0.443	0	0	0	0	150	100
VLV22－95	95	0.32	0	0	0	0	178	120
VV22－10	10	1.83	0	0	0	0	76	51
VV22－120	120	0.153	0	0	0	0	305	201
VV22－150	150	0.124	0	0	0	0	344	220
VV22－16	16	1.15	0	0	0	0	98	66
VV22－185	185	0.0991	0	0	0	0	383	252
VV22－240	240	0.051	0	0	0	0	442	290
VV22－25	25	0.727	0	0	0	0	126	81
VV22－35	35	0.524	0	0	0	0	152	100
VV22－4	4	4.61	0	0	0	0	46	30
VV22－50	50	0.367	0	0	0	0	181	120
VV22－6	6	3.08	0	0	0	0	56	38

（续表）

型号	导线线径（mm）	单位电阻率（Ω/km）	单位电抗率（Ω/km）	单位电纳率（S/km）	导线外经（mm）	导线有效半径系数	载流量（A）	经济电流（A）
VV22 – 70	70	0.268	0	0	0	0	222	141
VV22 – 95	95	0.193	0	0	0	0	267	180
XLPE – 300	300	0.1	0.19	0	0	0	423	0
XLPE – 400	400	0.0542	0	0	0	0	0	/
XLPE – 500	500	0.1	0.19	0	0	0	0	/
XLPE – 630	630	0.0425	0	0	0	0	0	/
YGLW02 – 110	110	0.55	0	0	0	0	0	/
YJLV22 – 120	120	0.28	0	0	0	0	251	162
YJLV22 – 150	150	0.29	0	0	0	0	283	182
YJLV22 – 185	185	0.3	0	0	0	0	327	218
YJLV22 – 240	240	0.28	0	0	0	0	382	258
YJLV22 – 25	25	0.44	0	0	0	0	95	63
YJLV22 – 300	300	0.15	0	0	0	0	0	
YJLV22 – 35	35	0.38	0	0	0	0	120	80
YJLV22 – 400	400	0.13	0	0	0	0	0	
YJLV22 – 50	50	0.36	0	0	0	0	142	93
YJLV22 – 70	70	0.34	0	0	0	0	180	120
YJLV22 – 95	95	0.29	0	0	0	0	218	140
YJLV – 240	240	0.08	0	0	0	0	0	/
YJLW02 – 400	400	0.1	0	0	0	0	0	/
YJLW03 – 1000	1000	0.03	0.17	0	0	0	0	/
YJLW03 – 1200	1200	0.03	0.17	0	0	0	0	/
YJLW03 – 1400	1400	0.02	0.17	0	0	0	0	/
YJLW03 – 240	240	0.0811	0	0	0	0	0	
YJLW03 – 630	630	0.03	0.17	0	0	0	0	/
YJQ03 – 400	400	0.058	0	0	0	0	0	/

（续表）

型号	导线线径（mm）	单位电阻率（Ω/km）	单位电抗率（Ω/km）	单位电纳率（S/km）	导线外经（mm）	导线有效半径系数	载流量（A）	经济电流（A）
YJQ03－630	630	0.0465	0	0	0	0	0	/
YJV22－120	120	0.15	0	0	0	0	300	200
YJV22－150	150	0.12	0.387	0	0	0	0	
YJV22－16	16	1.2	0	0	30	0	0	
YJV22－185	185	0.1	0	0	0	0	380	250
YJV22－240	240	0.08	0	0	0	0	435	281
YJV22－25	25	0.73	0	0	0	0	125	81
YJV22－300	300	0.06	0	0	0	0	504	321
YJV22－35	35	0.52	0	0	0	0	155	102
YJV22－400	400	0.05	0	0	0	0	546	0
YJV22－50	50	0.39	0	0	0	0	180	120
YJV22－500	500	0.04		0	/	/	/	/
YJV22－70	70	0.27	0	0	0	0	220	142
YJV22－95	95	0.19	0	0	0	0	265	180
ZL－50	50	0.61	0	0	0	0	0	/
ZLQD21－120	120	0.26	/	0	/	/	/	/
ZLQD21－150	150	0.21	/	0	/	/	/	/
ZLQD21－185	185	0.16	/	0	/	/	/	/
ZLQD21－240	240	0.13	/	0	/	/	/	/
ZLQD21－50	50	0.59	0	0	0	0	0	/
ZLQD21－70	70	0.44	0	0	0	0	0	/
ZLQD21－95	95	0.33	0	0	0	0	0	/
ZLQD－50	50	0.6	0	0	0	0	0	/
YJLW－500	500	0.05	0.19	0	0	0	610	/
2×LGJ－150	150	0.1	0.19	0	0	0	0	0
2×LGJ－185	185	0.08	0.27	0	0	0	0	

（续表）

型号	导线线径（mm）	单位电阻率（Ω/km）	单位电抗率（Ω/km）	单位电纳率（S/km）	导线外径（mm）	导线有效半径系数	载流量（A）	经济电流（A）
LJ－25	25	1.28	0	0	0	0	151	100
LJ－300	300	0.21	/	0	/	/	/	/
2×LGJ－240	240	0.065	0.33	0	0	0	0	/
2×LGJ－300	300	0.0398	0.334	0	0	0	0	0
2×LGJ－400	400	0.04	0.317	0	0	0	1650	/
2×LGJK－300	300	0.0525	0	0	0	0	0	/
2×LGJQ－185	185	0.085	0	0	0	0	0	/
2×LGJQ－240	240	0.065	0.334	0	0	0	0	/
2×LGJQ－300	300	0.054	0.322	0	0	0	0	/
2×LGJQ－400	400	0.04	0.317	0	0	0	0	/
2×LGJX－300	300	0.054	0.344	0	0	0	1380	0
3×LGJQ－240	240	0.06	0	0	0	0	0	/
3×LGJQ－300	300	0.036	0	0	0	0	0	/
3×LGJQ－400	400	0.0266	0	0	0	0	0	/
3×QWV22－240	240	0.078	0	0	0	0	0	/
3×YJLV－120	120	0.15	0	0	0	0	0	/
3×YJV－120	120	0.15	0	0	0	0	0	/
3×YJV－150	150	0.12	0	0	0	0	0	/
3×YJV－185	185	0.1	0	0	0	0	0	/
3×YJV22－120	120	0.145	0	0	0	0	300	/
3×YJV22－150	150	0.12	0	0	0	0	340	/
3×YJV22－185	185	0.1	0	0	0	0	380	/
3×YJV22－240	240	0.08	0	0	0	0	435	/
3×YJV22－300	300	0.056	0	0	0	0	485	/
3×YJV22－35	35	0.7	0	0	0	0	155	/
3×YJV22－400	400	0.05	0	0	0	0	0	

（续表）

型号	导线线径（mm）	单位电阻率（Ω/km）	单位电抗率（Ω/km）	单位电纳率（S/km）	导线外经（mm）	导线有效半径系数	载流量（A）	经济电流（A）
3 × YJV22 - 50	50	0.52	0	0	0	0	180	
3 × YJV22 - 70	70	0.267	0	0	0	0	220	
3 × YJV22 - 95	95	0.179	0	0	0	0	265	
3 × YJV - 240	240	0.08	0	0	0	0	0	
3 × YJV - 300	300	0.06	0	0	0	0	0	
3 × YJV - 35	35	0.603	0	0	0	0	0	
3 × YJV - 400	400	0.05	0	0	0	0	0	
3 × YJV - 50	50	0.44	0	0	0	0	0	
3 × YJV - 70	70	0.27	0	0	0	0	0	
3 × YJV - 95	95	0.19	0	0	0	0	0	
3 × ZLQ - 120	120	0.158	0	0	0	0	0	
3 × ZLQ - 150	150	0.12	0	0	0	0	0	
3 × ZLQ - 185	185	0.097	0	0	0	0	0	
3 × ZLQ - 240	240	0.082	0	0	0	0	0	
3 × ZLQ - 35	35	0.75	0	0	0	0	0	
3 × ZLQ - 50	50	0.58	0	0	0	0	0	
3 × ZLQ - 70	70	0.27	0	0	0	0	0	
3 × ZLQ - 95	95	0.19	0	0	0	0	0	
3 × ZLQd - 120	120	0.158	0	0	0	0	0	
3 × ZLQd - 150	150	0.128	0	0	0	0	0	
3 × ZLQd - 185	185	0.11	0	0	0	0	0	
3 × ZLQd - 35	35	0.745	0	0	0	0	0	
3 × ZLQd - 50	50	0.518	0	0	0	0	0	
3 × ZLQd - 70	70	0.287	0	0	0	0	0	
3 × ZLQd - 95	95	0.1905	0	0	0	0	0	
3 × ZLQF21 - 185	185	0.1054	0	0	0	0	0	

（续表）

型号	导线线径（mm）	单位电阻率（Ω/km）	单位电抗率（Ω/km）	单位电纳率（S/km）	导线外经（mm）	导线有效半径系数	载流量（A）	经济电流（A）
3×ZLQF21-240	240	0.0821	0	0	0	0	0	
3×ZLQFD22-150	150	0.1262	0	0	0	0	0	
3×ZLQFD22-185	185	0.0975	0	0	0	0	0	
3×ZLQFD22-240	240	0.08	0	0	0	0	0	
3×ZLQFD22-300	300	0.0665	0	0	0	0	0	
3×ZLQFD22-95	95	0.1998	0	0	0	0	0	
3×ZQ-120	120	0.1485	0	0	0	0	0	
3×ZQ12-150	150	0.12	0	0	0	0	0	
3×ZQ-150	150	0.126	0	0	0	0	0	
3×ZQ-185	185	0.0986	0	0	0	0	0	
3×ZQ20-10	10	0.153	0	0	0	0	0	
3×ZQ-35	35	0.765	0	0	0	0	0	
3×ZQ-50	50	0.458	0	0	0	0	0	
3×ZQ-70	70	0.247	0	0	0	0	0	
3×ZQ-95	95	0.196	0	0	0	0	0	
4×LGJ-300	300	0.0263	0	0	0	0	0	
4×LGJQ-300	300	0.054	0	0	0	0	0	
4×LGJQ-400	400	0.01	0.28	0	0	0	0	
4×YJLV-150	150	0.13	0	0	0	0	0	
4×YJV-150	150	0.118	0	0	0	0	0	
4×YJV-16	16	0.95	0	0	0	0	0	
4×YJV-185	185	0.1	0	0	0	0	0	
4×YJV22-240	240	0.078	0	0	0	0	0	
4×YJV-50	50	0.58	0	0	0	0	0	
4×YJV-70	70	0.27	0	0	0	0	0	
4×YJV-95	95	0.19	0	0	0	0	0	

（续表）

型号	导线线径（mm）	单位电阻率（Ω/km）	单位电抗率（Ω/km）	单位电纳率（S/km）	导线外经（mm）	导线有效半径系数	载流量（A）	经济电流（A）
5×LGJQ-400	400	0.04	0	0	0	0	0	
5×YJLV-185	185	0.1	0	0	0	0	0	
6×YJLV-240	240	0.08	0	0	0	0	0	
7×YJLV-50	50	0.38	0	0	0	0	0	
8×YJLV-70	70	0.27	0	0	0	0	0	
9×YJLV-95	95	0.19	0	0	0	0	0	
BLV-10	10	3.08	0	0	0	0	49	
BLV-150	150	0.206	0	0	0	0	290	
BLV-16	16	1.98	0	0	0	0	66	
BLV-185	185	0.164	0	0	0	0	335	
BLV-240	240	0.125	0	0	0	0	400	
BLV-25	25	0.25	0	0	0	0	90	
BLV-300	300	0.1	0	0	0	0	0	
BLV-35	35	0.868	0	0	0	0	110	
BLV-4	4	0.4	0	0	0	0	28	
BLV-400	400	0.078	0	0	0	0	0	
BLV-50	50	0.641	0	0	0	0	135	
BLV-6	6	4.5	0	0	0	0	36	
BLV-70	70	0.443	0	0	0	0	175	
BLV-95	95	0.32	0	0	0	0	215	
BLX-25	25	1.57	0	0	0	0	87	
BLX-35	35	1.2	0	0	0	0	105	
BV-6	6	3.08	0	0	0	0	46	
BW-10	10	3.15	0	0	0	0	0	
BW-16	16	2.3	0	0	0	0	0	
BW-25	25	1.27	0	0	0	0	0	

（续表）

型号	导线线径（mm）	单位电阻率（Ω/km）	单位电抗率（Ω/km）	单位电纳率（S/km）	导线外经（mm）	导线有效半径系数	载流量（A）	经济电流（A）
BW - 6	6	5. 26	0	0	0	0	0	
GJ - 70	70	0. 46	0	0	0	0	0	
HLGJ - 120	120	0. 08	0	0	0	0	0	
HLGJ - 150	150	0. 054	0	0	0	0	0	
HLGJ - 185	185	0. 04	0	0	0	0	0	
HLGJ - 240	240	0. 036	0	0	0	0	0	
HLGJ - 300	300	0. 036	0	0	0	0	0	
HLGJ - 400	400	0. 0266	0	0	0	0	0	
HLGJ - 95	95	0. 107	0	0	0	0	0	
JKJYJ - 185	185	0. 28	0	0	0	0	0	
JKJYJ - 95	95	0. 19	0	0	0	0	0	
JKJYJ - Q - 95	95	0. 19	0	0	0	0	0	
JKLGYJ - 10	10	3. 08	0	0	0	0	0	
JKLGYJ - 120	120	0. 253	0	0	0	0	0	
JKLGYJ - 150	150	0. 206	0	0	0	0	0	
JKLGYJ - 16	16	1. 91	0	0	0	0	0	
JKLGYJ - 185	185	0. 174	0	0	0	0	0	0
JKLGYJ - 240	240	0. 125	0	0	0	0	0	
JKLGYJ - 25	25	1. 2	0	0	0	0	0	
JKLGYJ - 300	300	0. 1	0	0	0	0	0	
JKLGYJ - 35	35	0. 868	0	0	0	0	0	
JKLGYJ - 50	50	0. 641	0	0	0	0	0	
JKLGYJ - 70	70	0. 433	0	0	0	0	0	
JKLGYJ - 95	95	0. 32	0	0	0	0	0	
JKLV - 16	16	1. 65	0	0	0	0	0	
JKLV - 25	25	0. 9	0	0	0	0	0	

（续表）

型号	导线线径（mm）	单位电阻率（Ω/km）	单位电抗率（Ω/km）	单位电纳率（S/km）	导线外经（mm）	导线有效半径系数	载流量（A）	经济电流（A）
JKLV - 6	6	2.2	0	0	0	0	0	
JKLY - 10	10	2.77	0	0	0	0	0	
JKLYJ - 10	10	2.68	0	0	0	0	56	
JKLYJ - 120	120	0.27	0	0	0	0	320	
JKLYJ - 150	150	0.3	0	0	0	0	366	
JKLYJ - 16	16	1.65	0	0	0	0	87	
JKLYJ - 180	180	0.29	0	0	0	0	0	
JKLYJ - 185	185	0.28	0	0	0	0	423	281
JKLYJ - 240	240	0.13	0	0	0	0	503	
JKLYJ - 25	25	1.17	0	0	0	0	118	
JKLYJ - 35	35	0.45	0	0	0	0	149	
JKLYJ - 50	50	0.39	0	0	0	0	180	
JKLYJ - 6	6	3.78	0	0	0	0	0	
JKLYJ - 70	70	0.46	0	0	0	0	226	
JKLYJ - 95	95	0.36	0	0	0	0	276	
JKLYJR - 10	10	0.53	0	0	0	0	0	
JKLYJR - 16	16	0.52	0	0	0	0	0	
JKLYJR - 6	6	0.68	0	0	0	0	0	
JKLYL - 35	35	0.45	0	0	0	0	0	
JKYJ - 10	10	1.906	0	0	0	0	0	
JKYJ - 120	120	0.158	0	0	0	0	0	
JKYJ - 150	150	0.128	0	0	0	0	0	
JKYJ - 16	16	1.198	0	0	0	0	0	
JKYJ - 185	185	0.1021	0	0	0	0	0	
JKYJ - 240	240	0.0777	0	0	0	0	0	
JKYJ - 35	35	0.54	0	0	0	0	0	

（续表）

型号	导线线径（mm）	单位电阻率（Ω/km）	单位电抗率（Ω/km）	单位电纳率（S/km）	导线外经（mm）	导线有效半径系数	载流量（A）	经济电流（A）
JKYJ－50	50	0.399	0	0	0	0	0	
JKYJ－70	70	0.276	0	0	0	0	0	
JKYJ－95	95	0.199	0	0	0	0	0	
JLYJ－120	120	0.25	0.357	0	15.2	0.81	0	
JLYJ－150	150	0.21	0.387	0	17	0.81	0	
JLYJ－185	185	0.16	0.37	0	19	0.81	0	
JLYJ－240	240	0.13	0.35	0	21.6	0.81	0	
JLYJ－25	25	1.2	0	0	6.6	0.81	0	
JLYJ－300	300	0.1	0.38	0	24.2	0.81	0	
JLYJ－35	35	0.87	0.432	0	8.4	0.81	0	
JLYJ－400	400	0.08		0				
JLYJ－50	50	0.64	0.421	0	9.6	0.81	0	
JLYJ－500	500	0.06	0.406	0	30.2	0.81	0	
JLYJ－70	70	0.44	0.411	0	11.4	0.81	0	
JLYJ－95	95	0.32	0.4	0	13.7	0.81	0	
JPOYJ－120	120	0.25		0				
JPOYJ－150	150	0.21		0				
JPOYJ－185	185	0.16		0				
JPOYJ－240	240	0.13		0				
JPOYJ－35	35	0.87		0				
JPOYJ－50	50	0.64		0				
JPOYJ－70	70	0.44		0				
JPOYJ－95	95	0.32		0				
LGJ－120	120	0.27	0.4	0	0	0	380	250
LGJ－150	150	0.21	0.394	0	0	0	445	300
LGJ－16	16	2.04	0	0	0	0	105	0

（续表）

型号	导线线径（mm）	单位电阻率（Ω/km）	单位电抗率（Ω/km）	单位电纳率（S/km）	导线外经（mm）	导线有效半径系数	载流量（A）	经济电流（A）
LGJ－185	185	0.17	0.386	0	0	0	515	345
LGJ－240	240	0.132	0.378	0	0	0	610	407
LGJ－25	25	1.38	0.3	0	0	0	130	100
LGJ－300	300	0.11	0.34	0	0	0	690	0
LGJ－35	35	0.95	0.432	0	7.5	0	175	120
LGJ－400	400	0.08	0.414	0	0	0	845	563
2×LGJ－400	400	0.04	0.32	0	27.2	0.81	0	
4×LGJ－400	400	0.02	0.28	0	0	0	0	
LGJ－50	50	0.65	0.21	0	0	0	210	156
LGJ－70	70	0.46	0.418	0	0	0	265	183
LGJ－95	95	0.33	0.406	0	0	0	335	223
LGJJ－120	120	0.28	0.379	0	15.5	0.81	0	
LGJJ－150	150	0.21	0.387	0	17.5	0.81	450	302
LGJJ－185	185	0.17	0.32	0	19.6	0.81	515	0
LGJJ－240	240	0.13	0.35	0	22.4	0.81	610	0
LGJJ－300	300	0.106	0.383	0	25.2	0.81	705	0
LGJJ－400	400	0.079	0.406	0	29	0.81	850	0
LGJQ－185	185	0.17	0.32	0	19.6	0.81	505	0
LGJQ－240	240	0.13	0.35	0	22.4	0.81	605	0
LGJQ－300	300	0.11	0.38	0	23.5	0.81	690	0
LGJQ－400	400	0.08	0.414	0	0	0	825	563
LGJQ－500	500	0.065	0.42	0	30.2	0.81	945	0
LGJQ－600	600	0.055	0.43	0	33.1	0.81	1050	0
LGJQ－700	700	0.044	0.44	0	37.1	0.81	1220	0
LGJX－185	185	0.17	0.32	0	0	0	0	
LGJX－240	240	0.132	0.408	0	0	0	610	406

（续表）

型号	导线线径 （mm）	单位 电阻率 （Ω/km）	单位 电抗率 （Ω/km）	单位 电纳率 （S/km）	导线 外经 （mm）	导线有 效半径 系数	载流量 （A）	经济 电流 （A）
LGJX – 300	300	0.11	0.34	0	0	0	0	
LJ – 120	120	0.27	0	0	0	0	410	273
LJ – 150	150	0.21	0	0	0	0	466	310
LJ – 16	16	1.98	0	0	0	0	112	74
LJ – 185	185	0.17	0	0	0	0	534	356
LJ – 240	240	0.132	0	0	0	0	610	406
4×LGJ – 400	400	0.02	0.26	0	0	0	0	
BLX – 10	10	3.15	0	0	0	0	46	
BLX – 70	70	0.45	0	0	0	0	185	
BLX – 50	50	0.63	0	0	0	0	145	
BLX – 95	95	0.45	0	0	0	0	225	
BLX – 16	16	1.97	0	0	0	0	69	
6×LGJ – 400	400	0.02	0.27	0	0	0	0	
6×LGJ – 500	500	0.01	0.27	0	0	0	0	
2×JL/LBIA – 400	400	0.04	0.3	0	0	0	0	
JL/GIA – 240	240	0.12	0.45	0	0	0	0	

二、容载比

容载比是反映城网供电能力的重要技术经济指标之一。容载比过大，电网建设早期投资增大；容载比过小，电网适应性差，影响供电。变电容载比是城网变电容量（kVA）在满足供电可靠性基础上对应的负荷（kW）的比值，是宏观控制变电总容量的指标，也是规划设计时布点安排变电容量的依据。

城市变电容载比应按电压分层计算。发电厂的升压变电站向地区配电网供电的容量计入电源变电容量，同级电压网用电客户专用变电站的变压器容量和负荷应扣除。变电容载比大小与计算参数有关，也与布点位置、数量、相互转供能力，以及电网结构有关，变电容载比的估算式如下：

$$R_S = K_1 K_2 / (K_3 K_4) \tag{1-10}$$

式中：R_S—— 容载比，kVA/kW；

　　K_1—— 负荷分散系数；

　　K_2—— 平均功率因数；

　　K_3—— 变压器运行率；

　　K_4—— 储备系数。

上述参数，可按实际情况取值，但是相关因素很多。城网变电容载比一般取下列的数值：220kV 电网，取 1.6 ～ 1.9；35 ～ 110kV 电网，取 1.8 ～ 2.1。

三、功率因数

在交流电路中，电源提供的电功率可分为两种：一种是有功功率 P，另一种是无功功率 Q。为表示电源视在功率被利用的程度，常用功率因数来表示。功率因数等于有功功率与视在功率的比值（用 λ 表示），即

$$\lambda = \cos\varphi = \frac{P}{S} \tag{1-11}$$

式中：λ—— 电流和电压的相位差，称为功率因数角。

$\cos\varphi = 1$、$P = S$，这种情况发生在纯电阻电路中，其无功功率 $Q = 0$。

$\cos\varphi = 1$、$P = S$，这种情况发生在纯电感和纯电容电路中，其无功功率 $Q = S$。

每个供电设备都有额定的容量，即视在功率 $S = UI$。供电设备输出的总功率 S 中，一部分为有功功率 $P = S\cos\varphi$，另一部分为无功功率 $Q = S\sin\varphi$。$\cos\varphi$ 越小，电路中的有功功率就越小，提高 $\cos\varphi$ 的值，可使同等容量的供电设备向用户提供更多的功率，因此提高供电设备的能量利用率。

四、负荷曲线特征系数

负荷形状系数又叫 K 系数，它反映的是负荷在一个周期内变化情况的一个数值，一般取值范围在 1 ～ 1.4 之间，理想负荷形状是水平直线，这时的 K 系数是 1，在一个周期内负荷变化越大，K 系数就越大。在进行理论线损计算时，如果无法得到 24 点的电流值，这时可用有功电量求电流的平均值，然后用 K 系数的平方修正，便于进行线损理论计算。由于其对线损结果影响较大，不可盲目估计。

K 系数的计算方法如下：

$$K = \frac{I_{jf}}{I_{av}} = \frac{\sqrt{\dfrac{1}{24} \sum\limits_{i=1}^{24} i^2}}{\dfrac{1}{24} \sum\limits_{i=1}^{24} i} \tag{1-12}$$

式中：I_{jf}—— 均方根电流；

$\quad I_{av}$—— 平均电流。

关于 K 系数的确定方法，可根据公式计算取得。一般情况下，在软件里输入 24 点电流或 24 点功率，就可有程序自动计算得到。

五、计算供电量

1. 分压供电量

$$分压供电量＝本层上网电网＋输入电量$$

软件中是某电压等级负荷电量加上该电压的损失电量作为该电压等级供电量。

2. 过网电量

过网电量是指在系统里造成了损耗，该电量却输出到相邻的电网中，线损理论计算中，含过网电量，不含过网电量统计分压供电量，全网供电量与分压供电量不是累加和的关系。

（1）在负荷参数输入界面里定义（图 1-1）

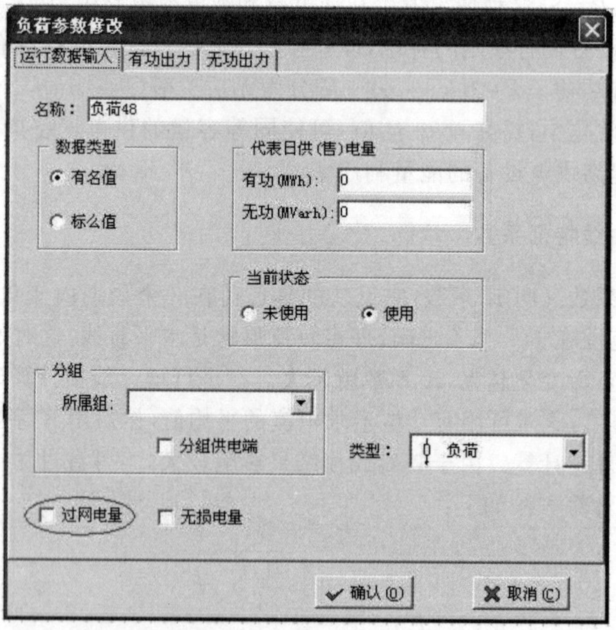

图 1-1　负荷参数输入界面定义过网电量

（2）直接在全网总损耗表里输入过网电量数值（图1-2）

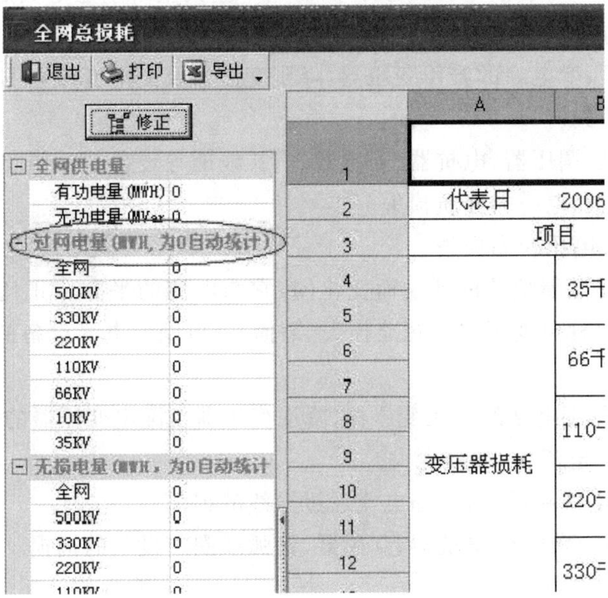

图1-2　全网总损耗界面修正过网电量

含和不含过网电量的计算公式如下：

含过网电量的线损率公式：

$$线损率 = \frac{总损失电量}{供电量 + 过网电量} \times 100\% \qquad (1-13)$$

不含过网电量的线损率公式：

$$线损率 = \frac{总损失电量}{供电量} \times 100\% \qquad (1-14)$$

六、理论线损电量

在电网实际运行中，电能表总供电量与总售电量之差值称为线损电量，其中有一部分是输、配电无法避免的，如可变损耗和固定损耗可以通过计算得出，称为理论线损电量。

$$理论线损电量 = 固定损失电量 + 可变损失电量$$

固定损失一般不随负荷变动而变化，只要设备带有电压，就要消耗电能，就有损失，这种损失则认为是固定损失，因此，也称空载损失（铁损）或基本损失。严格来说,固定损失是不固定的,它主要与外加电压的高低有密切关系,但实际上电网电压的变动不大,认为电压是恒定的,因而这个损失基本上也是固定的。电网中电气设备的固定损失主要包括:

(1)发电厂、变电站的升压变压器,降压变压器及配电变压器的铁损。

(2)电晕损失。

(3)调相机、调压器、电抗器、互感器、消弧线圈等设备的铁损及绝缘的损失。

(4)电容器和电缆的介质损失。

(5)电能表电压线圈损失。

可变损失是随着负荷的变动而变化的,它与电流的平方成正比,电流越大,损失越大,因此,也称可变损失或短路损失(铜损)。电网中电气设备的变动损失主要包括:

(1)发电厂、变电站的升压变压器、降压变压器及配电变压器的铜损,即电流流经线圈的损失。电流大,铜损也大。

(2)输、配电线路的铜损,即电流通过导线的损失。

(3)调相机、调压器、电抗器、互感器、消弧线圈等设备的铜损。

(4)接户线的铜损。

(5)电能表电流圈的铜损。

全网理论线损电量为分压理论线损电量的累加和。

七、无损电量

供电企业通过电网从发电厂或相邻电网购买电量的同时,又通过电网把电量售给各类用户。在电力营销的线损统计管理中,有一类电量称为无损电量。无损电量可分以下两种情况:

1. 无损电量

营销管理中,在某些特殊情况下,会存在由于购电的计量点和售电的计量点是同一块计量表计或者是在同一母线上(且有购、售关系)的两块表计,如果忽略电流在线损,这类供电量和售电量对于供电企业来说,不承担电能在电网的任何损耗,有时也称过网电量。

2. 本级电压无损电量

在实际线损管理中,通常将变电站首端计费的专线电量看作无损电量。需强调的是,把变电站首端计费的专线电量看作无损电量是个相对的概念。例如,对10kV电压等级而言,10kV首端计费的专线电量则是无损电量;但对35kV及以上电压等级而言,10kV首端计费的专线电量则是经历了35kV及以上电网输送的,显然存在着损耗,因此在计算35kV及以上电网线损率时,10kV首端计费的专线电量不能看作无损电量。

　　供电企业在进行线损统计计算时,从供、售电量中分离出无损电量的目的在于:一方面可以查找本级电网线损发生的环节,从而进行有针对性的分析,并制定降损措施;另一方面能得到客观反映管理水平的线损率,更便于不同电网和企业之间的比较和分析。

　　如在进行10kV电网的线损率统计时,可以有两种统计方法:一种是在供、售电量中包含10kV首端计费的专线电量,另一种是在供、售电量中不包含10kV首端计费的专线电量。显然按第一种方法计算出来的线损率小于按第二种方法计算出来的线损率,但是后者更能反映该电网运行的经济性和管理水平,在线损分析管理中更有意义。

　　全网无损电量与分压无损电量不是累加和的关系。

八、理论线损率(有损理论线损率)

　　1. 理论线损率

　　理论线损率是各网、省、地区供电局(电业局)对其所属输、变、配电设备根据设备参数、负荷潮流、特性计算得出的线损率。

$$理论线损率 = \frac{理论线损电量}{供电量} \times 100\% \qquad (1-15)$$

$$供电量 = 厂供电量 + 输入电量 + 购入电量 \qquad (1-16)$$

　　理论线损电量是变压器的损耗电能;架空及电缆线路的导线损耗电能;电容器、电抗器、调相机中的有功损耗电能、调相机辅机的损耗电能;电流互感器、电压互感器、电能表、测量仪表、保护及远动装置的损耗电能;电晕损耗电能;绝缘子的泄漏损耗电能(数量较小,可以估计或忽略不计);变电所的所用电能及电导损耗电量之和。

　　2. 统计线损率

　　统计线损率是各网、省、地市供电部门对所管辖(或调度)范围内的电网各供、售电量计量表统计得出的线损率。

$$统计线损率 = \frac{统计线损电量}{供电量} \times 100\% \qquad (1-17)$$

式中,供电量 = 厂供电量 + 输入电量 − 输出电量 + 购入电量。

　　厂供电量即电厂出线侧的上网电量。对于一次电网厂供电量是指发电厂送入一次电网的电量;对于地区电网厂供电量是指发电厂送入地区电网的电量。

　　输入电量是指邻网输入的电量。输出电量是指送往邻网的电量。购入电量是指厂供电量以外的上网电量,如集资、独资、合资、股份制、独立核算机组、地方电厂、电力系统退役机组、多经机组、用户自备电厂等供入系统的电量。凡地方电厂和用户自备电厂的送出电量不应和系统送入电量抵冲,电网送入地方电厂及用户自备电厂的电量一律计入售电量。

$$统计线损电量 = 供电量 - 售电量 \tag{1-18}$$

售电量是指所有用户的抄见电量,发电厂、供电局、变电所、供电所、保线站(变电站)等的自用电量及电力系统第三产业所用的电量。凡不属于厂用电的其他用电,不属于所或站用电的其他用电,均应由当地电力部门装表收费。

为了分级统计的需要,把输往本局各地区电网的电量视为售电量。

为了分级分压管理,统计线损率又分为:

(1)一次电网的统计线损电量和一次电网的供电量之比的百分率称为一次网损率或主网损失率;

(2)一个地区电网的统计线损电量和该地区电网的供电量之比的百分率称为该地区(市)局的线损率;

(3)一个网局或省范围内所有地、市供电局(电业局)及一次电网的统计线损电量的总和与其供电量之比的百分率称为该网、省公司的线损率。

九、等值电阻

在不影响电路的情况下,多个电阻串联或并联,用一个等值的电阻代替这么多个电阻简化电路,这个电阻就被称为等值电阻。

十、铜铁损比

铜损是指电流通过线圈时,由一、二次线圈电阻所消耗的电能之和。因线圈为铜线,故称铜损。铜损的大小主要由负载电流的大小决定。

铁损即变压器的空载损耗,交变磁通在铁芯中产生的涡流损失和磁滞损失的综合。因变压器的空载损耗不随它所带的负荷大小的变化而变化,在任何负载下基本保持一固定值,所以铁损又称为固定损耗。

铜损与铁损的比值叫铜铁损比。

第二章　　负荷实测

第一节　　负荷实测定义

负荷实测是在选定的代表日,利用调度自动化系统、电采集信息系统,自动、手工采集,获取厂、站、线路、台区当天 24 小时整点负荷数据,并对获取的数据进行分析,及时了解代表日当天电网的负荷水平、线路、变压器的重载情况、电网网架结构变化和负荷需求,发现网架薄弱环节、设备存在问题,对电网中重载设备、不合理运行方式、不满足供电可靠性要求的网架结构,提出相应的解决措施,有利于电网的安全和经济运行。

第二节　　实测范围

1. 电压等级

10kV 及以上电压等级的电网设备。

2. 设备范围

管辖区域电网内非用户资产主配网变压器、输配网线路。

3. 实测口径

网、省、市、县管辖区域电网设备。

4. 数据类型

35kV 及以上变电站各电压等级有损、无损线路主变全天各整点有功功率、无功功率、有功电量、无功电量、电流数据,母线电压。

配电线路有功功率、无功功率、有功电量、无功电量、电流数据。

部分典型公用配变的有功功率、无功功率、有功电量、无功电量、电流数据。

第三节　　负荷实测代表日

选定开展负荷实测的当天为负荷实测代表日。负荷实测代表日可选取年度最小负荷日、年度平均负荷日、夏季最大负荷日、冬季最大负荷日等典型日进行。负荷实测日要能充分反映电网设备不同负荷方式下运行状况、负荷需求、方式安排、网架结构存在问题,为电网规划建设、运行方式调整提供有力依据。

第四节 负荷实测方法

在规定时间内,利用调度自动化系统、用电信息采集系统,自动采集厂、站、线路、台区实测日当天 24 小时整点实测数据。通过同一种计算软件计算、汇总、分析。

第五节 负荷实测要求

一、部门职责分工

1. 各级单位需建立由分管领导担任组长,发展、运检、营销、调控中心等有关部门组成的负荷实测工作组,明确各部门职责分工和组织协调,确保负荷实测工作顺利进行。

2. 负荷实测日由调控部门负责合理安排实测日当天主网运行方式,确保实测数据符合要求,并对实测结果进行分析,制定整改措施。

3. 负荷实测日由运检部负责对 10kV 未自动获得数据人工补录工作,分析10kV 公用线路、配变实测结果,制定整改措施。

4. 负荷实测日由营销部负责提供 10kV 公用配变的实测数据,协助运检部对实测结果进行分析。

5. 信通公司负责负荷实测日相关应用系统通讯通道保障。

二、前期准备

1. 相关应用系统检查

检查负荷实测相关应用系统,调度自动化系统、电能量自动采集系统、用电信息采集系统运行正常,数据传输正常。

2. 表计检查

为了保证实测数据的准确性,应组织对所有表计进行检查分析,对有疑问或误差过大的表计应予校正,缺少表计的地方应尽快加装。

暂不具备采集能力的厂、站、线路、台区,由专人负责抄录表盘表计数据。抄录人员要准点抄表,准确读表,严禁估抄、错抄和漏抄。表计抄见功率以流出母线为正,流入母线为负。

3. 负荷实测计算软件维护

为使计算结果具有较好的可比性,且便于计算数据汇总及上报,在区域电网范围内应尽量统一计算软件。

实测前为保证实测结果正确,必须事先收集、核实实测设备参数和特性数据等台账信息以及电网接线、结构变化情况、实测日运行方式等,在计算软件上进行修改维护,确保与实测日电网全部信息一致。

4. 设备参数内容

各电压等级的每台变压器、调相机、电容器组、电抗器的参数资料(铭牌或试验数据)以及配变的容量和型号。

35kV 及以上高压输、配电线路的阻抗图和 10(20/6)kV 中压配电线路的单线图(含各支路),图上注有导线型号、长度、线路电阻(高压输电线路的电抗)的实际有名值。一条线路有几种不同型号线段的情况,应分别标注各线段参数。

选定台区低压配电线路的相线、进户线导线的型号和长度以及用户电能表计的统计资料。

三、电网运行方式要求

实测日当天,各单位在确保电网安全运行的前提下,尽量安排和保持正常运行方式,测试过程中不得随意变更运行方式。

四、实测数据来源

35kV 及以上变电站各电压等级主变、开关有功功率、无功功率、电流、母线电压由调度自动化系统自动获取。35kV 及以上变电站各电压等级主变、开关有功电量、无功电量由电能量自动采集系统自动获取。

10kV 公、专变、台区,用户有功功率、无功功率、电流、电压、有功电量、无功电量由用电信息采集系统自动获取。

第六节　电网元件实测指标分析

一、线路

1. 最大输电功率(MW)

实测日该线路输送 24 点整点有功功率中最大值。

2. 平均输电功率(MW)

实测日该线路输送 24 点整点有功功率的平均值。

3. 日有功电量(MWh)

实测日线路输送有功电量全天累计值。

4. 日无功电量(Mvarh)

实测日线路输送无功电量全天累计值。

5. 平均输电力率

该线路功率因数。

6. 最大负荷电流(A)

实测日流过该线路 24 点整点负荷电流中最大值。

7. 最大输送容量(MVA)

实测日该线路 24 点整点输送容量中最大值。

8. 平均负载率(%)

线路平均负荷与线路本身最大载容量之比。

9. 最大负载率(%)

线路最大负荷与线路本身最大载容量之比。线路最大负载率＝线路最大电流÷线路电流安全限值×100%。

10. 平均经济负载率(%)

平均经济负载率＝线路平均输送容量(负荷)÷线路的经济输送容量(负荷)×100%＝线路的平均电流÷线路的经济电流×100%。

11. 最大经济负载率(%)

最大经济负载率＝线路的最大输送容量(负荷)÷线路的经济输送容量(负荷)×100%＝线路的最大电流÷线路的经济电流×100%。

12. 结论

最大负载率大于等于 70% 的线路为重载线路;最大负载率低于 30% 的为轻载线路,线路实测指标结果见表 2-1。

表 2-1 线路实测指标

线路名称编号	最大输电功率(MW)	平均输电功率(MW)	日有功电量(MWh)	日无功电量	平均输电力率	最大负荷电流(A)	最大输送容量(MVA)	平均负载率(%)	最大负载率(%)	平均经济负载率(%)	最大经济负载率(%)	结论
白沙××线												重载

二、变压器

1. 主变容量（MVA）

主变容量指主变压器的分接开关在主分接下视在功率，一般都用的是额定容量，即是变压器铭牌上规定的容量。

2. 最大负荷（MW）

变压器最大负荷是指实测日该台变压器所带 24 点整点负荷（有功功率）中最大值。

3. 平均负荷（MW）

变压器平均负荷是指实测日该台变压器所带 24 点整点负荷（有功功率）的平均值。

4. 日有功电量

变压器日有功电量是指实测日该台变压器高压侧有功电量全天累计值。

5. 日无功电量

变压器日无功电量是指实测日该台变压器高压侧输送无功电量全天累计值。

6. 平均功率因数

变压器功率因数指变压器二次侧有功功率一次侧的视在功率，衡量变压器传输效率高低的系数，即变压器有功损耗、无功损耗视在功率之间的关系。功率因数低，说明变压器用于交变磁场转换的无功功率大，输出的有功功率下降，造成能源浪费。目前要求变压器功率因数在 0.95 以上。

7. 容载比

变压器容量与对应的所带供电最高负荷之比为容载比。推荐值 220kV 变电站容载比一般取 1.6～1.9，35～110kV 容载比一般取 1.8～2.1，以农村负荷为主的变电站宜取下限值。当容载比取值增加时，在相同负荷水平下，变压器总容量将增加，电网建设投资增加，同时电网运行成本增加，经济效益降低。若容载比取值减小，电网的适应性变差，调度不够灵活，甚至发生卡脖子现象。容载比一般分为安装容载比和投运容载比。投运容载比是指供电最高负荷与投运的变压器容量之比。

8. 平均负载率（%）

变压器平均负载率是指一定时间内变压器平均输出的视在功率与变压器额定容量之比。变压器长期负载率为额定容量的 50%～70% 左右最合格，损耗电能最小。

9. 最大负载率（%）

变压器最大负载率是指一定时间内变压器最大输出的视在功率与变压器额定容量之比。

10. 结论

最大负载率大于等于80％的变压器为重载变压器;小于30％的变压器为轻载变压器。变压器实测指标结果见表2-2。

表2-2　变压器实测指标

线路名称编号	最大输电功率(MW)	平均输电功率(MW)	日有功电量(MWh)	日无功电量	平均输电力率	最大负荷电流(A)	最大输送容量(MVA)	平均负载率(％)	最大负载率(％)	平均经济负载率(％)	最大经济负载率(％)	结论
白沙××线												重载

第七节　实测结果应用及案例

一、重载设备改造(全过程闭环)

1. 案例一

2016年7月25日大负荷实测,220kV A变电站两台主变重载;由于新建220kV B变电站的启动投运,2017年7月27日大负荷实测,A变电站两台主变仅一台短时重载。

某地区仅有一座220kV A变电站,该变电站两台主变总容量是270(120＋150)MVA,在2016年7月25日大负荷实测时,由于天气炎热,空调负荷激增,两台主变的平均负载率分别为60.22％、73.29％;最大负载率分别为97.9％、90.72％,均处于重载。2017年1月,公司在该地区建设的第二座220kV B变电站启动送电,新投运两台主变总容量为360(180＋180)MVA。至2017年7月27日大负荷实测时,A变电站两台主变平均负载率分别为47.92％、60.19％,最大负载率分别为80.26％、76.43％。B变电站两台主变平均负载率分别为11.17％、14.00％,最大负载率分别为26.11％、14.88％。A变电站原先所带的110kV部分负荷转移至B变电站,且B变电站承担了该地区的部分10kV负荷,改善了A变电站两台主变重载的局面。后期在新建B变电站配套工程中将其他110kV负荷转移至B变电站供电,届时A变电站的负载率将下降,B变电站的主变轻载现象也会得到解决。

2. 案例二

2017年7月27日35kV A线路实测最大负载率为95.14％,该线路重载,实测日该线路实测结果见表2-3。

表 2 - 3　2017 年 7 月 27 日 35kV A 线路实测结果表

线路名称	导线型号	电压等级 (kV)	最大负荷 (MW)	最大电流 (A)	平均负载率 (%)	最大负载率 (%)	备注
35kV A 线路	LGJ - 185	35	29.09	489.96	70.10	95.14	重载

重载的主要原因是该线路带 A1 和 B1 两座 35kV 变电站,供电区域大且供电区域夏季空调降温负荷大,线路重载。2017 年 12 月 110kV 变电站 C 建成投运后,把 35kV 变电站 A1 负荷转移至 110kV 变电站 C,该线路重载情况已得到解决。

二、运行方式优化

根据负荷实测结果,优化配电网运行方式,轻载线路负荷重新分配,达到降损目的。

10kV A 线,2017 年 7 月实测负载率为 14.41%,2018 年 1—4 月处于负荷低谷期,线路及配变轻载更加严重,线路高损。2018 年 4 月 22 日结合停电将 10kV B 线(2017 年 7 月实测日最大负载率 45.78%)部分负荷转移至 10kV A 线后,A 线线损率由 7.4% 降低至 5.47%,轻载问题得以缓解。

第八节　实测工作流程

对各参与部门进行明确分工,组织专业人员开展电网设备参数核查、计算软件维护及基础数据更新等工作,在保持正常运行下,在规定时间内,充分利用调度自动化系统、用电采集系统,自动采集厂、站、线路、台区实测日当天 24 小时整点负荷数据,对不具备采集能力的厂、站、线路、台区,由专人负责,抄录表盘表计数据。实测流程如图 2-1 所示。

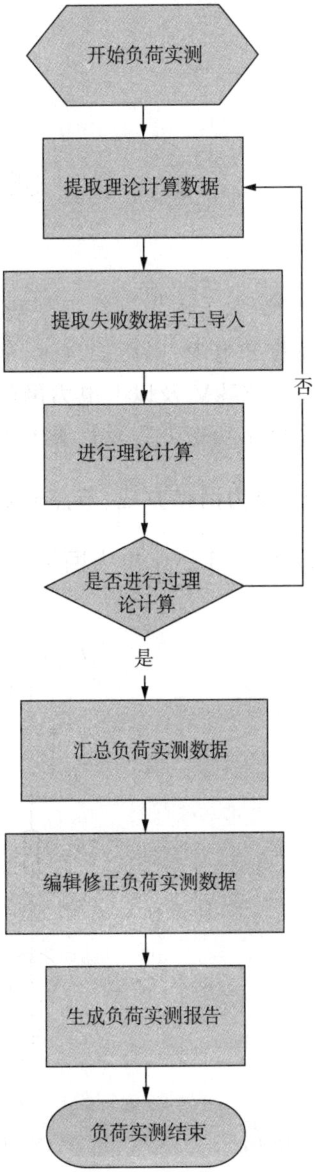

图 2-1　负荷实测工作流程

第三章　线损理论计算

第一节　35kV 及以上电力网线损计算

35kV 以上电力网线损一般通过潮流计算得到。潮流计算是根据发电机和负荷功率推知电流、电压的过程,从而可得到各个 35kV 及以上电力网元件的有功损耗及整个 35kV 及以上电力网的有功损耗。进行 35kV 及以上电网潮流计算前,需要确定网络功率方程及计算方法。

一、电力网络方程、节点分类

以图 3-1 所示电力网络为例,简要介绍如何列出电力网络方程。

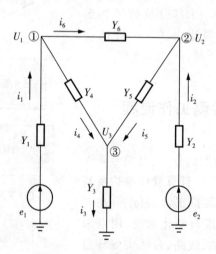

图 3-1　电力网络示例图

图中:e_1、e_2 是电源电势,Y_1、Y_2 为电源内导纳,Y_3 为负荷等值导纳,Y_4、Y_5、Y_6 为各支导纳

设:各节点电压为 U_1、U_2、U_3

根据基尔霍夫第一定律列电流方程组：

$$\begin{cases} Y_1(e_1 - U_1) + Y_6(U_2 - U_1) + Y_4(U_3 - U_1) = 0 \\ Y_2(e_2 - U_2) + Y_6(U_1 - U_2) + Y_5(U_3 - U_2) = 0 \\ Y_4(U_1 - U_3) + Y_5(U_2 - U_3) + Y_3 U_3 = 0 \end{cases} \quad (3-1)$$

将与 e_1、e_2 有关的项移到一边，变化(3-1)方程组得到：

$$\begin{cases} Y_1 U_1 + Y_6(U_3 - U_2) + Y_4(U_1 - U_3) = Y_1 e_1 \\ Y_2 U_2 + Y_6(U_2 - U_1) + Y_5(U_3 - U_2) = Y_2 e_2 \\ Y_3 U_3 + Y_4(U_3 - U_1) + Y_5(U_3 - U_2) = 0 \end{cases} \quad (3-2)$$

在方程组(3-2)中，方程左端是节点 1、2、3 流出的电流，右端是注入各节点的电流。由此得到新的等值电路，如图 3-2 所示，将电压源用电流源代替：$I_1 = Y_1 e_1$，$I_2 = Y_2 e_2$。

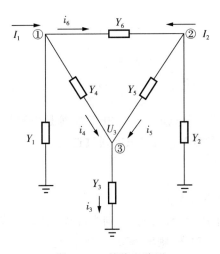

图 3-2　等值电路图

图中：$I_1 = Y_1 e_1$，$I_2 = Y_2 e_2$

由电路理论可知，Y_{11}、Y_{22}、Y_{33} 称为节点 1、2、3 的自导纳：$Y_{11} = Y_1 + Y_4 + Y_6$，$Y_{22} = Y_2 + Y_5 + Y_6$，$Y_{33} = Y_3 + Y_4 + Y_5$；相应节点的互导纳：$Y_{12} = Y_{21} = -Y_6$，$Y_{13} = Y_{31} = -Y_4$，$Y_{23} = Y_{32} = -Y_5$。将(3-2)方程组左端各项按电压归并，变化方程组有：

$$\begin{cases} Y_{11}U_1 + Y_{12}U_2 + Y_{13}U_3 = I_1 \\ Y_{21}U_1 + Y_{22}U_2 + Y_{23}U_3 = I_2 \\ Y_{31}U_1 + Y_{32}U_2 + Y_{33}U_3 = I_3 \end{cases} \tag{3-3}$$

则方程组(3-3)称为网络的节点方程,它反映了节点电压与流入电流之间的关系。可以分别定义三个矩阵 $\boldsymbol{Y}_B$ 为节点导纳矩阵、$\boldsymbol{U}_B$ 为节点电压列向量、$\boldsymbol{I}_B$ 为节点电流列向量,则它们有这样的关系:

$$\boldsymbol{Y}_B \boldsymbol{U}_B = \boldsymbol{I}_B \tag{3-4}$$

定义节点导纳矩阵 $\qquad \boldsymbol{Y}_B = \begin{bmatrix} Y_{11} & Y_{12} & Y_{13} \\ Y_{21} & Y_{22} & Y_{23} \\ Y_{31} & Y_{32} & Y_{33} \end{bmatrix}$

节点电压列向量 $\qquad \boldsymbol{U}_B = \begin{bmatrix} U_1 \\ U_2 \\ U_3 \end{bmatrix}$

节点电流列向量 $\qquad \boldsymbol{I}_B = \begin{bmatrix} I_1 \\ I_2 \\ I_3 \end{bmatrix}$

在工程实际中,由于各节点电压 $\boldsymbol{U}_B$、电流 $\boldsymbol{I}_B$ 等是未知的,给出的只是网络各点的功率 $\boldsymbol{S}_B$、网络的结构参数 $\boldsymbol{Y}_B$,所以只能通过迭代解非线性节点电压方程 $\boldsymbol{Y}_B \boldsymbol{U}_B = \left[\dfrac{\boldsymbol{S}}{\boldsymbol{U}}\right]_B$,来求解 $\boldsymbol{U}_B$。

下面我们来介绍节点分类。

如图 3-3 所示简单系统,$\widetilde{S}_{G1}$、$\widetilde{S}_{G2}$ 分别为母线 1、2 的等值电源功率,$\widetilde{S}_{L1}$、$\widetilde{S}_{L2}$ 分别为母线 1、2 的等值负荷功率,则 $\widetilde{S}_1 \approx \widetilde{S}_{G1} - \widetilde{S}_{L1}$、$\widetilde{S}_2 \approx \widetilde{S}_{G2} - \widetilde{S}_{L2}$ 分别为母线 1、2 的注入功率,与之对应的电流 $\dot{I}_1 = \dot{I}_{G1} - \dot{I}_{L1}$、$\dot{I}_2 = \dot{I}_{G2} - \dot{I}_{L2}$ 则分别为母线 1、2 的注入电流。于是

$$\dot{I}_1 = Y_{11}\dot{U}_1 + Y_{12}\dot{U}_2 = \frac{\overset{*}{S}_1}{\overset{*}{U}_1}, \dot{I}_2 = Y_{22}\dot{U}_2 + Y_{21}\dot{U}_1 = \frac{\overset{*}{S}_2}{\overset{*}{U}_2} \tag{3-5}$$

$$\widetilde{S}_1 = \dot{U}_1 \overset{*}{Y}_{11} \overset{*}{U}_1 + \dot{U}_1 \overset{*}{Y}_{12} \overset{*}{U}_2, \widetilde{S}_2 = \dot{U}_2 \overset{*}{Y}_{22} \overset{*}{U}_2 + \dot{U}_2 \overset{*}{Y}_{21} \overset{*}{U}_1 \tag{3-6}$$

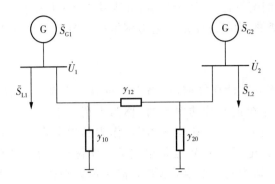

图 3 - 3 简单系统等值网络

如令 $Y_{11} = Y_{22} = y_{10} + y_{12} = y_{20} + y_{21} = y_s e^{-j(90° - \delta_s)}$

$Y_{12} = Y_{21} = -y_{12} = -y_{21} = -y_m e^{-j(90° - \alpha_m)}$

$\dot{U}_1 = U_1 e^{j\delta_1} ; \dot{U}_2 = U_2 e^{j\delta_2}$

将其代入式(3 - 6)展开,将有功、无功功率分列,可得:

$$\begin{cases} P_1 = P_{G1} - P_{L1} = y_s U_1^2 \sin\alpha_s + y_m U_1 U_2 \sin[(\delta_1 - \delta_2) - \alpha_m] \\ P_2 = P_{G2} - P_{L2} = y_s U_2^2 \sin\alpha_s + y_m U_2 U_1 \sin[(\delta_2 - \delta_1) - \alpha_m] \\ Q_1 = Q_{G1} - Q_{L1} = y_s U_1^2 \cos\alpha_s - y_m U_1 U_2 \cos[(\delta_1 - \delta_2) - \alpha_m] \\ Q_2 = Q_{G2} - Q_{L2} = y_s U_2^2 \cos\alpha_s - y_m U_2 U_2 \cos[(\delta_2 - \delta_2) - \alpha_m] \end{cases} \quad (3-7)$$

则系统有功、无功功率损耗分别为

$$\begin{cases} \Delta P = y_s(U_1^2 + U_2^2)\sin\alpha_s - 2y_m U_1 U_2 \cos(\delta_1 - \delta_2)\sin\alpha_m \\ \Delta Q = y_s(U_1^2 + U_2^2)\cos\alpha_s - 2y_m U_1 U_2 \cos(\delta_1 - \delta_2)\cos\alpha_m \end{cases} \quad (3-8)$$

除网络参数 y_s、y_m、α_s、α_m 外,共有 12 个变量,分别是:
负荷消耗的有功、无功功率——P_{L1}、Q_{L1}、P_{L2}、Q_{L2};
电源发出的有功、无功功率——P_{G1}、Q_{G1}、P_{G2}、Q_{G2};
母线或节点电压的大小和相位角——U_1、U_2、δ_1、δ_2。
除非已知或给定其中的 8 个变量,否则将无法求解。在这 12 个变量中,负荷消耗的有功、无功功率无法控制,为不可控变量;电源发出的有功、无功功率是可以控制的变量,称为控制变量;其余四个变量,母线或节点电压的大小和相位角,是受控制变量控制的因变量,为状态变量。电力网络中的节点因给定变量的不同可分为三类。

1. 平衡节点

在电网的潮流分布计算之前,网络中至少有一个节点的有功功率 P 是不能给定的,它承担了系统的有功功率平衡,称为平衡节点。同时,在网络中也必须选定一个节点,指定它的电压相位 σ 为零,作为其他节点电压相位的基准,此点称为基准节点,它的电压幅值 V 也是给定的。实际中,为了计算方便,常常将平衡节点和基准节点选为同一节点,习惯上把它称为平衡节点(也称松弛节点、摇摆节点)。总之就是说,一片网络中,至少要有一个平衡节点,它的电压幅值和相位已经给定。

一般情况下,设定主调频发电厂为平衡节点比较合理。但在计算中也可以按照别的原则来选择。例如,为了提高迭代计算的收敛性,也可以选择出线最多的发电厂作为平衡节点。

2. PQ 节点

这类节点的有功功率 P 和无功功率 Q 是给定的,节点电压 U 是待求量。通常变电所都是这类节点。由于没有发电设备,PQ 节点发电功率为零。在一些情况下,系统中某些发电厂送出的功率在一定时间内固定时,该发电厂母线也可以作为 PQ 节点。因此在实际中,电网的绝大多数节点都属于 PQ 节点。

3. PV 节点

这类节点的有功功率 P 和电压幅值 V 是给定的,节点的无功功率 Q 和电压的相位 σ 是待求量。这类节点必须有足够的可调无功容量,用以维持给定的电压幅值,因而又称之为电压控制节点。一般是选择有一定无功储备的发电厂和具有可调无功电源设备的变电所作为 PV 节点。在电力系统中,这一类节点的数目很少。

二、功率方程

我们知道电网中各点的功率为 $S_i = P_i + \mathrm{j}Q_i = \dot{U}_i \sum\limits_{j=1}^{j=n} \overset{*}{Y}_{ij} \overset{*}{U}_j$, $Y_{ij} = G_{ij} + \mathrm{j}B_{ij}$ 为节点间的互导纳,将 $\dot{U}_i = e_i + \mathrm{j}f_i$ 代入,则有:

$$P_i = \sum_{j=1}^{j=n} \left[e_i(G_{ij}e_j - B_{ij}f_j) + f_i(G_{ij}f_j + B_{ij}e_j) \right] \quad (3-9\text{a})$$

$$Q_i = \sum_{j=1}^{j=n} \left[f_i(G_{ij}e_j - B_{ij}f_j) - e_i(G_{ij}f_j + B_{ij}e_j) \right] \quad (3-9\text{b})$$

此外由于系统中还有电压大小给定的 PV 节点,还应补充一组方程式:

$$U_i{}^2 = e_i{}^2 + f_i{}^2 \qquad (3-9c)$$

e_i 和 f_i 分别为迭代过程中求得的节点电压实部,P_i 为 PQ 节点和 PV 节点的注入有功功率,Q_i 为 PQ 节点的注入无功功率,U_i 为 PV 节点的电压大小。

若节点电压用极坐标表示,$U_i = U_i \mathrm{e}^{j\theta} = U_i(\cos\theta_i + j\sin\theta_i)$,则有:

$$P_i = U_i \sum_{j=1}^{j=n} U_j (G_{ij}\cos\theta_{ij} - B_{ij}\sin\theta_{ij}) \qquad (3-10a)$$

$$Q_i = U_i \sum_{j=1}^{j=n} U_j (G_{ij}\sin\theta_{ij} - B_{ij}\cos\theta_{ij}) \qquad (3-10b)$$

式中,θ_{ij} 为节点间的电压相角差,$\theta_{ij} = \theta_i - \theta_j$。式(3-9)和式(3-10)称为功率方程组。

设网络中共有 n 个节点,包括一个平衡节点,$(m-1)$ 个 PQ 节点,$(n-m)$ 个 PV 节点,那么如(3-10a)的方程组 $(n-1)$ 个,包含除平衡节点外所有节点有功功率 P 的表示式,即 $i=1,2,\cdots,n,i \neq s$;如(3-10b)的方程组有 $(m-1)$ 个,包含所有 PQ 节点无功功率 Q 的表示式,即 $i=1,2,\cdots,m,i \neq s$。可见,PV 节点采用极坐标表示时,待求的只有电压的相位角 δ 和注入的无功功率 Q,较采用直角坐标表示时,待求的有电压的实数部分和虚数部分以及注入的无功功率,方程组数减少 $(n-m)$ 个。

三、牛顿-拉夫逊法

牛顿-拉逊法(或称牛顿法)是常用的解非线性方程组最有效的方法,也是当前广泛采用的计算潮流的方法。

设有非线性方程组

$$\left.\begin{array}{l} f_1(x_1,x_2,\cdots,x_n) = y_1 \\[6pt] f_2(x_1,x_2,\cdots,x_n) = y_2 \\[6pt] \cdots\cdots \\[6pt] f_n(x_1,x_2,\cdots,x_n) = y_n \end{array}\right\} \qquad (3-11)$$

其近似解为 $x_1^{(0)},x_2^{(0)},\cdots x_n^{(0)}$。设近似解与精确解分别相差 $\Delta x_1,\Delta x_2,\cdots,\Delta x_n$,则

有如下的关系式成立

$$
\left.
\begin{aligned}
f_1(x_1^{(0)} + \Delta x_1, x_2^{(0)} + \Delta x_2, \cdots, x_n^{(0)} + \Delta x_n) &= y_1 \\
f_2(x_1^{(0)} + \Delta x_1, x_2^{(0)} + \Delta x_2, \cdots, x_n^{(0)} + \Delta x_n) &= y_2 \\
&\cdots\cdots \\
f_n(x_1^{(0)} + \Delta x_1, x_2^{(0)} + \Delta x_2, \cdots, x_n^{(0)} + \Delta x_n) &= y_n
\end{aligned}
\right\}
\tag{3-12}
$$

上式中任何一式都可按泰勒级数展开,以第一式为例:

$$
f_1(x_1^{(0)}, x_2^{(0)}, \cdots, x_n^{(0)}) + \frac{\partial f_1}{\partial x_1}\bigg|_0 \Delta x_1 + \frac{\partial f_1}{\partial x_2}\bigg|_0 \Delta x_2 + \cdots + \frac{\partial f_1}{\partial x_n}\bigg|_0 \Delta x_n + \varphi_1 = y_1
$$

$$
\tag{3-13}
$$

φ_1 是一包含 Δx_1、Δx_2、$\cdots$、Δx_n 的高次方与 f_1 的高阶偏导数乘积的函数,如果近似解与精确解相差不大,则 Δx_i 的高次方可略去,从而 φ_1 也可略去。

由此可得一组线性方程组,常称修正方程组,可改写成矩阵方程

$$
\begin{bmatrix}
y_1 - f_1(x_1^{(0)}, x_2^{(0)}, \cdots, x_n^{(0)}) \\
y_2 - f_2(x_1^{(0)}, x_2^{(0)}, \cdots, x_n^{(0)}) \\
\cdots \\
y_2 - f_2(x_1^{(0)}, x_2^{(0)}, \cdots, x_n^{(0)})
\end{bmatrix}
=
\begin{bmatrix}
\dfrac{\partial f_1}{\partial x_1}\bigg|_0 & \dfrac{\partial f_1}{\partial x_2}\bigg|_0 & \cdots & \dfrac{\partial f_1}{\partial x_n}\bigg|_0 \\
\dfrac{\partial f_2}{\partial x_1}\bigg|_0 & \dfrac{\partial f_2}{\partial x_2}\bigg|_0 & \cdots & \dfrac{\partial f_2}{\partial x_n}\bigg|_0 \\
& & \cdots & \\
\dfrac{\partial f_2}{\partial x_1}\bigg|_0 & \dfrac{\partial f_2}{\partial x_2}\bigg|_0 & \cdots & \dfrac{\partial f_2}{\partial x_n}\bigg|_0
\end{bmatrix}
\begin{bmatrix}
\Delta x_1 \\
\Delta x_2 \\
\cdots \\
\Delta x_n
\end{bmatrix}
\tag{3-14}
$$

或简写为

$$
\Delta f = J \Delta x
\tag{3-15}
$$

式中,J 称函数 f_i 的雅可比矩阵;Δx 为由 Δx_i 组成的列向量;Δf 则称不平衡的列向量。牛顿法基本原理是在解的某一邻域内的某一初始点出发,沿着该点的一阶偏导数 —— 雅可比矩阵,朝减小方程残差的方向前进一步,在新的点上再计算残差和雅可比矩阵继续前进,重复这一过程直到残差达到收敛标准,即得到了非线性方程组的解。因为越靠近解,偏导数的方向越准,收敛速度也就越快,所以牛顿法具

有二阶收敛特性。而所谓"某一邻域"是指雅可比矩阵方向均指向解的范围,否则可能走向非线性函数的其他极值点。

这里简单介绍一下迭代的原理,以及为什么有时候迭代会出现不收敛的情况。比如现在有一个修正方程的向量表达式为:$\boldsymbol{f}+\boldsymbol{J}\cdot\boldsymbol{X}=\boldsymbol{0}$,解此方程,首先设定一个初值$x_i^{(0)}$,将其代入修正方程中,可得到$\boldsymbol{f}$、$\boldsymbol{J}$中各元素。然后运用解线性代数方程的方法,可求得$\Delta x_i^{(0)}$,从而经过第一次迭代后$x_i$的新值$x_i^{(1)}=x_i^{(0)}+\Delta x_i^{(0)}$。再将求得的$x_i^{(1)}$代入,又可求得$\boldsymbol{f}$、$\boldsymbol{J}$中各元素的新值,从而解得$\Delta x_i^{(1)}$以及$x_i^{(2)}=x_i^{(1)}+\Delta x_i^{(1)}$。当$\Delta x_i^{(i)}$小于初始设定值时(一般情况下我们设定$\Delta x_i^{(i)}\leqslant 1\times 10^{-5}$),停止迭代,最后就得到修正方程式的足够精确解。

图3-4可以示出上面所说的求解过程。

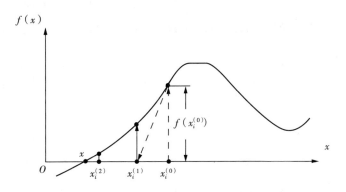

图3-4　计算收敛示意图

可见,当迭代计算时,x_i的初值要选择比较接近于它们的解,否则迭代过程可能不收敛。假如上面的迭代初值如图3-5选择,则情形就完全不同了:

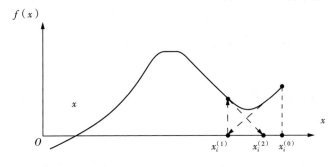

图3-5　计算不收敛示意图

按照上述迭代方法求解,则显见迭代发散,即迭代不收敛。

结合式(3-9)和式(3-11)详细说明变量如何对应,式(3-9)的左端项P_i、Q_i、

U_i^2 对应于式(3-11)中的 y_i,式(3-9)的右端函数分别是由迭代过程中求得的节点电压确定的注入功率和节点电压大小的平方值,对应于式(3-11)中的函数 $f_i(x_1, x_2, \cdots, x_n)$;式(3-9)中的 e_i、f_i 就对应于式(3-11)中的 x_1、x_2。牛顿-拉夫逊潮流计算的核心问题是修正方程式的建立和求解。式(3-14)中雅可比矩阵的各个元素,显然就是迭代过程中求得的注入功率和节点电压大小的平方值相应 e_i、f_i 的偏导数。仍以电力网络中共有 n 个节点,m 个 PQ 节点,其中包含一个平衡节点 s,其余为 PV 节点,可建立修正方程式如下:

$$
\begin{bmatrix} \Delta P_1 \\ \Delta Q_1 \\ \Delta P_2 \\ \Delta Q_2 \\ \cdots \\ \Delta P_p \\ \Delta U_p^2 \\ \Delta P_n \\ \Delta U_n^2 \end{bmatrix} = \begin{bmatrix} H_{11} & N_{11} & H_{12} & N_{12} & H_{1p} & N_{1p} & H_{1n} & N_{1n} \\ J_{11} & L_{11} & J_{12} & L_{12} & J_{1p} & L_{1p} & J_{1n} & L_{1n} \\ H_{21} & N_{21} & H_{22} & N_{22} & H_{2p} & N_{2p} & H_{2n} & N_{2n} \\ J_{21} & L_{21} & J_{22} & L_{22} & J_{2p} & L_{2p} & J_{2n} & L_{2n} \\ \cdots & \cdots & \cdots & \cdots & \cdots & \cdots & \cdots & \cdots \\ H_{p1} & N_{p1} & H_{p2} & N_{p2} & H_{pp} & N_{pp} & H_{pn} & N_{pn} \\ R_{p1} & S_{p1} & R_{p2} & S_{p2} & R_{pp} & S_{pp} & R_{pn} & S_{pn} \\ H_{n1} & N_{n1} & H_{n2} & N_{n2} & H_{np} & N_{np} & H_{nn} & N_{nn} \\ R_{n1} & S_{n1} & R_{n2} & S_{n2} & R_{np} & S_{np} & R_{nn} & S_{nn} \end{bmatrix} \begin{bmatrix} \Delta f_1 \\ \Delta e_1 \\ \Delta f_2 \\ \Delta e_2 \\ \cdots \\ \Delta f_p \\ \Delta e_p \\ \Delta f_n \\ \Delta e_n \end{bmatrix} \tag{3-16}
$$

式中 ΔP_i、ΔQ_i、ΔU_i^2 分别为注入功率和节点电压平方的不平衡量,分别为:

$$
\Delta P_i = P_i - \sum_{j=1}^{j=n} \left[e_i(G_{ij}e_j - B_{ij}f_j) + f_i(G_{ij}f_j + B_{ij}e_j) \right] \tag{3-17a}
$$

$$
\Delta Q_i = Q_i - \sum_{j=1}^{j=n} \left[f_i(G_{ij}e_j - B_{ij}f_j) - e_i(G_{ij}f_j + B_{ij}e_j) \right] \tag{3-17b}
$$

$$
\Delta U_i^2 = U_i^2 - (e_i^2 + f_i^2) \tag{3-17c}
$$

雅可比矩阵的各个元素则分别为

$$
H_{ij} = \frac{\partial P_i}{\partial f_j}; N_{ij} = \frac{\partial P_i}{\partial e_j}
$$

$$J_{ij} = \frac{\partial Q_i}{\partial f_j}; L_{ij} = \frac{\partial Q_i}{\partial e_j}$$

$$R_{ij} = \frac{\partial U_i^2}{\partial f_j}; S_{ij} = \frac{\partial U_i^2}{\partial e_j} \qquad (3-18)$$

采用极坐标表示时,较采用直角坐标表示时少 $(n-m)$ 个 PV 节点电压大小平方值的表示式,变量少 $(n-m)$ 个,方程式数也相应减少 $(n-m)$ 个,可建立修正方程式如下:

$$
\begin{bmatrix}
\Delta P_1 \\
\Delta Q_1 \\
\Delta P_2 \\
\Delta Q_2 \\
\cdots \\
\Delta P_p \\
\Delta P_n
\end{bmatrix}
=
\begin{bmatrix}
H_{11} & N_{11} & H_{12} & N_{12} & H_{1p} & N_{1p} & H_{1n} & N_{1n} \\
J_{11} & L_{11} & J_{12} & L_{12} & J_{1p} & L_{1p} & J_{1n} & L_{1n} \\
H_{21} & N_{21} & H_{22} & N_{22} & H_{2p} & N_{2p} & H_{2n} & N_{2n} \\
J_{21} & L_{21} & J_{22} & L_{22} & J_{2p} & L_{2p} & J_{2n} & L_{2n} \\
\cdots & \cdots & \cdots & \cdots & \cdots & \cdots & \cdots & \cdots \\
H_{p1} & N_{p1} & H_{p2} & N_{p2} & H_{pp} & N_{pp} & H_{pn} & N_{pn} \\
H_{n1} & N_{n1} & H_{n2} & N_{n2} & H_{np} & N_{np} & H_{nn} & N_{nn}
\end{bmatrix}
\begin{bmatrix}
\Delta \delta_1 \\
\dfrac{\Delta U_1}{U_1} \\
\Delta \delta_2 \\
\dfrac{\Delta U_2}{U_2} \\
\cdots \\
\Delta \delta_p \\
\Delta \delta_n
\end{bmatrix}
\qquad (3-19)
$$

有功功率、无功功率不平衡量分别为:

$$\Delta P_i = P_i - U_i \sum_{j=1}^{j=n} U_j (G_{ij} \cos \theta_{ij} + B_{ij} \sin \theta_{ij}) \qquad (3-20a)$$

$$\Delta Q_i = Q_i - U_i \sum_{j=1}^{j=n} U_j (G_{ij} \sin \theta_{ij} - B_{ij} \cos \theta_{ij}) \qquad (3-20b)$$

牛顿-拉夫逊潮流计算基本步骤主要有以下几步:

(1) 形成节点导纳矩阵 Y_B。

(2) 设备节点电压的初值 $e_i^{(0)}$、$f_i^{(0)}$ 或 $U_i^{(0)}$、$\delta_i^{(0)}$。

(3) 将各节点电压的初值代入,求修正方程式中的不平衡量 $\Delta P_i^{(0)}$、$\Delta Q_i^{(0)}$ 以及 $\Delta U_i^{(0)2}$。

(4) 将各节点电压的初值代入,求修正方程式的系数举证 —— 雅可比矩阵的各个元素。

（5）解修正方程式，求各节点电压的变化量，即修正量 $\Delta e_i^{(0)}$、$\Delta f_i^{(0)}$ 或 $\Delta U_i^{(0)}$、$\Delta \delta_i^{(0)}$。

（6）计算各节点电压新值，即修正后值。

$$e_i^{(1)} = e_i^{(0)} + \Delta e_i^{(0)} ; f_i^{(1)} = f_i^{(0)} + \Delta f_i^{(0)}$$

$$U_i^{(1)} = U_i^{(0)} + \Delta U_i^{(0)} ; \delta_i^{(1)} = \delta_i^{(0)} + \Delta \delta_i^{(0)}$$

（7）运用各节点电压新值，自第三步开始进入下一次迭代。

（8）计算平衡节点功率和线路功率。

软件根据对节点注入功率的约束、对节点电压大小的约束和对相位角的约束条件自动列出电力网络的修正方程式，然后利用牛顿法迭代原理进行迭代计算。当各点的误差 ΔP_i、ΔQ_i 在允许范围之内时（在实际计算中我们一般设定误差 $\leqslant 1 \times 10^{-5}$）迭代计算停止，得到各节点电压向量 U_i、δ_i。

四、PQ 分解法

PQ 分解法是牛顿-拉夫逊法潮流计算的一种简化方法，PQ 分解法利用电力系统的一些特有的运行特性，对牛顿-拉夫逊法做了简化，以改进和提高计算速度。

将式（3-19）重新排列为式（3-21），

$$
\begin{bmatrix}
\Delta P_1 \\
\Delta P_2 \\
\cdots \\
\Delta P_p \\
\Delta P_n \\
\Delta Q_1 \\
\Delta Q_2 \\
\cdots
\end{bmatrix}
=
\left[
\begin{array}{ccccc:ccc}
H_{11} & H_{12} & \cdots & H_{1p} & H_{1n} & N_{11} & N_{12} & \cdots \\
H_{21} & H_{22} & \cdots & H_{2p} & H_{2n} & N_{21} & N_{22} & \cdots \\
\cdots & & & \cdots & & & & \cdots \\
H_{p1} & H_{p2} & \cdots & H_{pp} & H_{pn} & N_{p1} & N_{p2} & \cdots \\
H_{n1} & H_{n2} & \cdots & H_{np} & H_{nn} & N_{n1} & N_{n2} & \cdots \\
\hdashline
J_{11} & J_{12} & \cdots & J_{1p} & J_{1n} & L_{11} & L_{12} & \cdots \\
J_{21} & J_{22} & \cdots & J_{2p} & J_{2n} & L_{21} & L_{22} & \cdots \\
\cdots & & & \cdots & & & & \cdots
\end{array}
\right]
\begin{bmatrix}
\Delta \delta_1 \\
\Delta \delta_2 \\
\cdots \\
\Delta \delta_p \\
\Delta \delta_n \\
\dfrac{\Delta U_1}{U_1} \\
\dfrac{\Delta U_2}{U_2} \\
\cdots
\end{bmatrix}
\quad (3-21)
$$

或简写为

$$\begin{bmatrix} \Delta P \\ \Delta Q \end{bmatrix} = \begin{bmatrix} H & N \\ J & L \end{bmatrix} \begin{bmatrix} \Delta \delta \\ \dfrac{\Delta U}{U} \end{bmatrix} \tag{3-22}$$

通常网络上的电抗远大于电阻,则系统母线电压幅值的微小变化对有功功率的改变影响很小。同样,母线电压相角的改变对无功功率的影响较小。因此,节点功率方程在用极坐标形式表示时,修正方程式可简化为:

$$\begin{bmatrix} \Delta P \\ \Delta Q \end{bmatrix} = \begin{bmatrix} H & 0 \\ 0 & L \end{bmatrix} \begin{bmatrix} \Delta \delta \\ \dfrac{\Delta U}{U} \end{bmatrix} \tag{3-23}$$

将 P、Q 分开来迭代计算,因此大大减少了工作量,但是 H、L 在迭代过程中仍将不断变化,而且又都是不对称矩阵。

在一般情况下线路两端的电压相角 θ_{ij} 是不大的,因此可以认为:$\cos \theta_{ij} \approx 1$,$G_{ij} \sin \theta_{ij} \ll B_{ij}$,则可以得到:

$$H_{ij} = -U_i U_j B_{ij} \; ; L_{ij} = -U_i U_j B_{ij} \tag{3-24}$$

节点的功率增量为:

$$\begin{bmatrix} \Delta P_1/U_1 \\ \Delta P_2/U_2 \\ \Delta P_3/U_3 \\ \cdots \\ \Delta P_n/U_n \end{bmatrix} = - \begin{bmatrix} B_{11} & B_{12} & B_{13} & \cdots & B_{1n} \\ B_{21} & B_{22} & B_{23} & \cdots & B_{2n} \\ B_{31} & B_{32} & B_{33} & \cdots & B_{3n} \\ & & \cdots & & \\ B_{n1} & B_{n2} & B_{n3} & \cdots & B_{nn} \end{bmatrix} \begin{bmatrix} U_1 \Delta \delta_1 \\ U_2 \Delta \delta_2 \\ U_3 \Delta \delta_3 \\ \cdots \\ U_n \Delta \delta_n \end{bmatrix} \tag{3-25a}$$

$$\begin{bmatrix} \Delta Q_1/U_1 \\ \Delta Q_2/U_2 \\ \cdots \\ \Delta Q_m/U_m \end{bmatrix} = - \begin{bmatrix} B_{11} & B_{12} & \cdots & B_{1m} \\ B_{21} & B_{22} & \cdots & B_{2m} \\ & & \cdots & \\ B_{m1} & B_{m2} & \cdots & B_{mm} \end{bmatrix} \begin{bmatrix} \Delta U_1 \\ \Delta U_2 \\ \cdots \\ \Delta U_n \end{bmatrix} \tag{3-25b}$$

可简写为

$$\frac{\Delta P}{U} = -B'U\Delta\delta \qquad (3-26a)$$

$$\frac{\Delta Q}{U} = -B''\Delta U \qquad (3-26b)$$

PQ 分解法的特点:以一个$(n-1)$阶和一个$(m-1)$阶线性方程组代替原有的$(n+m-2)$阶线性方程组;修正方程的系数矩阵 B' 和 B'' 为对称常数矩阵,且在迭代过程中保持不变;PQ 分解法具有线性收敛特性,与牛顿-拉夫逊法相比,两者区别主要有:

(1)牛顿-拉夫逊法(牛-拉法)是求解潮流的最常用的方法。其核心在于修正方程的建立及求解。注意的是,修正方程的雅可比矩阵不是对称矩阵,但是稀疏矩阵;由于雅可比矩阵的元素与电压大小和相位有关,因此在每次迭代过程中都要重新形成雅可比矩阵,这是限制牛顿-拉夫逊法速度的最大因素。

(2)PQ 分解法由牛顿-拉夫逊法的节点电压以极坐标表示时发展而来。主要是根据电力网络的特性对牛-拉法的雅可比矩阵进行简化,变成常系数矩阵,因此在每次迭代过程中都不用重新形成系数矩阵;而且 PQ 分解法的系数矩阵阶数较牛-拉法的低,还是对称矩阵,因此其收敛速度较牛-拉法快(其迭代次数比牛-拉法多,但其每次迭代的耗时少)。虽然 PQ 分解法是在一定简化的基础上发展得到的,但由于其功率不平衡量的求解与牛-拉法完全一样(即 PQ 分解法只对雅各比矩阵简化,不对功率不平衡量简化),而且收敛要求都一样的,因此最终得到的结果跟牛-拉法完全一样。在运用 PQ 分解法时是有限制的,必须在电力网络符合简化要求情况下才能运用。相比而言,牛-拉法没有限制。

五、潮流计算过程

由上述内容可知,迭代解非线性节点电压方程的计算过程大致分为列功率方程、列修正方程(误差方程)、计算机迭代计算三部分。牛顿-拉夫逊法、PQ 分解法之间的差别主要在于第二部分"列修正方程"不同。 以牛顿-拉夫逊法为例,计算流程如图 3-6 所示。

在 35kV 及以上输电网中,通过潮流计算将各节点电压求出来之后,就可以从支路参数计算出支路电流及功率,然后算出元件的功率损耗,电网线损、线损率就可以全部轻松求出了。整个 35kV 及以上电力网的理论线损计算潮流计算法的过程概括为:对于给定的 P_i、Q_i,寻求一组电压向量 U_i、θ_i 使功率误差在允许范围内,具体迭代计算由计算机来完成。

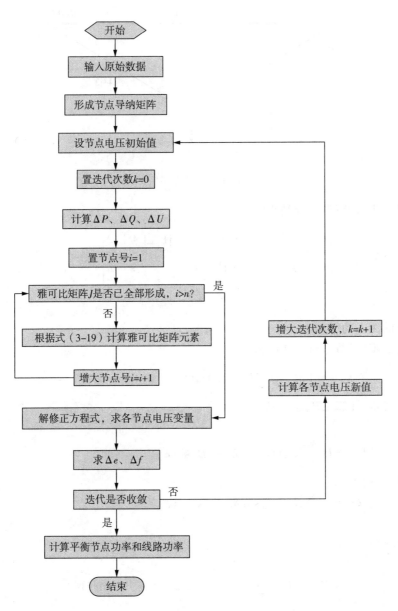

图 3-6　牛-拉法潮流计算流程图

六、潮流计算案例

如图 3-7 所示,节点 1 为平衡节点,节点 2 为 PV 节点,运用牛顿-拉夫逊法计算潮流,迭代一次即可。

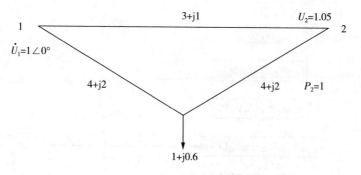

图 3 - 7   三节点网络图

第一步：计算节点导纳矩阵

$$\boldsymbol{Y}_B = \begin{bmatrix} 7+j3 & |3|j1 & |4|j2 \\ |3|j1 & 7+j3 & |4|j2 \\ |4|j2 & |4|j2 & 8+j4 \end{bmatrix}$$

节点 3 的注入功率 $\tilde{S}_3 = -1-j0.6$。

第二步：置节点电压初始值

$$U_1 = 1, \delta_1 = 0, U_2 = 1.05, U_3^{(0)} = 0, \delta_2^{(0)} = 0, \delta_3^{(0)} = 0$$

第三步：计算 ΔP、ΔQ、ΔU

由公式 $\begin{cases} P_i = U_i \sum\limits_{j=1}^{n} U_j (G_{ij} \cos \delta_{ij} + B_{ij} \sin \delta_{ij}) \\ Q_i = U_i \sum\limits_{j=1}^{n} U_j (G_{ij} \sin \delta_{ij} - B_{ij} \cos \delta_{ij}) \end{cases}$

可得到

$$P_3^{(0)} = U_3^{(0)} \sum_{j=1}^{3} U_j^{(0)} (G_{3j} \cos \delta_{3j}^{(0)} + B_{3j} \sin \delta_{3j}^{(0)})$$

$$= 1 \times (1 \times (-4) + 1.05 \times (-4) + 1 \times 8) = -0.2$$

$$P_2^{(0)} = U_2^{(0)} \sum_{j=1}^{3} U_j^{(0)} (G_{2j} \cos \delta_{2j}^{(0)} + B_{2j} \sin \delta_{2j}^{(0)}) = 1.05 \times (1 \times (-3) + 1.05 \times 7 + 1 \times$$

$$(-4) = 0.3675 Q_3^{(0)} = U_3^{(0)} \sum_{j=1}^{3} U_j^{(0)} (G_{3j} \sin \delta_{3j}^{(0)} - B_{3j} \cos \delta_{3j}^{(0)}) = 1 \times (-1 \times (-2) -$$

$$1.05 \times (-2) - 1 \times 4 = 0.1 \Delta P_3^{(0)} = P_3 - P_3^{(0)} = -1 - (0.2) = -0.8$$

$$\Delta P_2^{(0)} = P_2 - P_2^{(0)} = 1 - (0.3675) = 0.6325$$

$$\Delta Q_3^{(0)} = Q_3 - Q_3^{(0)} = -0.6 - (0.1) = -0.7$$

$$H_{33}^{(0)} = -U_3 \sum_{j=1}^{2} U_j (G_{3j} \sin \delta_{3j} - B_{3j} \cos \delta_{3j}) = -4.1$$

$$H_{22}^{(0)} = -U_2 \sum_{j=1 j\neq 2}^{2} U_j (G_{2j} \sin \delta_{2j} - B_{2j} \cos \delta_{2j}) = -3.15$$

$$H_{23}^{(0)} = U_2 U_3 (G_{23} \sin \delta_{23} - B_{23} \cos \delta_{23}) = 2.1$$

$$H_{32}^{(0)} = U_3 U_2 (G_{32} \sin \delta_{32} - B_{32} \cos \delta_{32}) = 2.1$$

$$N_{33}^{(0)} = U_3 \sum_{j=1}^{2} U_j (G_{3j} \cos \delta_{3j} + B_{3j} \sin \delta_{3j}) + 2U_3^2 G_{33} = 7.8$$

$$N_{23}^{(0)} = U_2 U_3 (G_{23} \cos \delta_{23} + B_{23} \sin \delta_{23}) = -4.2$$

$$J_{33}^{(0)} = U_3 \sum_{j=1}^{2} U_j (G_{3j} \cos \delta_{3j} + B_{3j} \sin \delta_{3j}) = -8.2$$

$$J_{32}^{(0)} = U_3 U_2 (G_{32} \cos \delta_{32} + B_{32} \sin \delta_{32}) = 4.2$$

$$L_{33}^{(0)} = U_3 \sum_{j=1}^{2} U_j (G_{3j} \sin \delta_{3j} - B_{3j} \cos \delta_{3j}) - 2U_3^2 B_{33} = -3.9$$

$$\boldsymbol{J}^{(0)-1} = \begin{bmatrix} H_{33} & N_{33} & H_{32} \\ J_{33} & L_{33} & J_{32} \\ H_{23} & N_{23} & H_{22} \end{bmatrix} = \begin{bmatrix} -4.1 & 7.8 & 2.1 \\ -8.2 & -3.9 & 4.2 \\ 2.1 & -4.2 & -3.15 \end{bmatrix}^{-1}$$

$$= \begin{bmatrix} -0.1804 & -0.0950 & -0.2469 \\ 0.1026 & -0.0513 & 0 \\ -0.2570 & 0.0051 & -0.4821 \end{bmatrix}$$

$$\begin{bmatrix} \Delta \delta_3^{(0)} \\ \Delta U_3^{(0)}/U_3^{(0)} \\ \Delta \delta_2^{(0)} \end{bmatrix} = \boldsymbol{J}^{(0)-1} \begin{bmatrix} \Delta P_3^{(0)} \\ \Delta Q_3^{(0)} \\ \Delta P_2^{(0)} \end{bmatrix} = \begin{bmatrix} 0.0547 \\ -0.0462 \\ -0.1028 \end{bmatrix}$$

$$\delta_3 = \delta_3^{(0)} + \Delta \delta_3^{(0)} = 0.0547$$

$$\delta_2 = \delta_2^{(0)} + \Delta\delta_2^{(0)} = -0.1028$$

$$U_3 = U_3^{(0)} + \Delta U_3^{(0)} = 0.9538$$

$$\dot{U}_2 = 1.05\angle -5.89^0$$

$$\dot{U}_3 = 0.9538\angle 3.13^0$$

$\widetilde{S}_1 = \dot{U}_1 \sum_{i=1}^{3} Y_{1i}^* U_i^* = 1 \times [(7-j3) + (-3+j1) \times 1.05\angle -5.89^0 + (-4+j2) \times 0.9538\angle -3.13^0] = 0.056 - j0.168$ $\widetilde{S}_{12} = \dot{U}_1(U_1^* - U_2^*) \times Y_{12}^* = 1 \times (1 - 1.05\angle -5.89^0) \times (-3+j1) = 0.24 + j0.28$

$$\widetilde{S}_{23} = \dot{U}_2(U_2^* - U_3^*) \times Y_{23}^* = -0.768 - j0.401$$

$$\widetilde{S}_{31} = \dot{U}_3(U_3^* - U_1^*) \times Y_{31}^* = 0.273 + j0.123$$

$$\widetilde{S}_{21} = \dot{U}_2(U_2^* - U_1^*) \times Y_{21}^* = -0.283 - j0.265$$

$$\widetilde{S}_{32} = \dot{U}_3(U_3^* - U_2^*) \times Y_{32}^* = 0.631 + j0.469$$

$$\widetilde{S}_{13} = \dot{U}_1(U_1^* - U_3^*) \times Y_{13}^* = -0.296 - j0.112$$

第二节　10kV 配电网线损计算

上面介绍的潮流计算法用在 35kV 以上输电网时,收敛性好,可行。但是在 6～10kV 配电网时,由于电网元件的 R/X 比值很大,收敛性就会差一些,甚至会不收敛;另外实际情况中,配网各节点的参数也很难精确收集到,因此,在 35kV 以下配电网我们通常不采用潮流计算法,而采用"等值电阻法求电阻"及"K 系数法"求电流,然后再利用计算机仿真计算程序来进行积分计算。本节介绍其计算原理及方法步骤。

我们知道,理论线损 $\Delta A = 3R\int i^2 dt \times 10^{-3}$,显见这里只涉及电阻 R、电流 i 的问题。当电阻、电流求得,按时间积分即可求得损耗。

一、等值电阻法算电阻

配电网一般情况下为开式网结构,我们以图 3-8 这个简单电网为例。

当我们已知各支路电流为 $I_1, I_2, I_3, \cdots, I_n$ 时,得到线路理论线损如下:

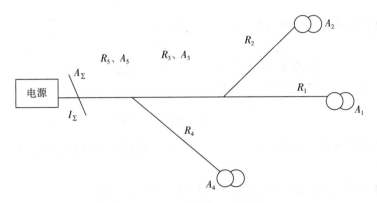

图 3-8　简单配电网示例形

$$\Delta A = 3 \times (I_1^2 R_1 + I_2^2 R_2 + I_3^2 R_3 + \cdots + I_n^2 R_n)t \times 10^{-3} \quad (\text{kWh}) \qquad (3-27)$$

因为各分支线路一般不装设电流表，支线路电流无法得到，但假设线路各处电压、$\cos\varphi$ 相等，则得到如下关系

$$\frac{I_1}{I_\Sigma} = \frac{A_1}{A_\Sigma}; \frac{I_2}{I_\Sigma} = \frac{A_2}{A_\Sigma}; \frac{I_3}{I_\Sigma} = \frac{A_3}{A_\Sigma} \quad \cdots \quad \frac{I_n}{I_\Sigma} = \frac{A_n}{A_\Sigma}$$

即

$$I_1 = \frac{A_1}{A_\Sigma} I_\Sigma; I_2 = \frac{A_2}{A_\Sigma} I_\Sigma; I_3 = \frac{A_3}{A_\Sigma} I_\Sigma \cdots I_n = \frac{A_n}{A_\Sigma} I_\Sigma \qquad (3-28)$$

其中 $A_3 = A_1 + A_2$；$A_\Sigma = A_5 = A_3 + A_4 = A_1 + A_2 + A_4$。

将以上这些关系代入式(3-27)中，则有：

$$\Delta A = 3 I_\Sigma^2 \left[\left(\frac{A_1}{A_\Sigma}\right)^2 R_1 + \left(\frac{A_2}{A_\Sigma}\right)^2 R_2 + \left(\frac{A_3}{A_\Sigma}\right)^2 R_3 + \right.$$

$$\left. \cdots + \left(\frac{A_n}{A_\Sigma}\right)^2 R_n \right] \times t \times 10^{-3} \quad (\text{kWh}) \qquad (3-29)$$

这时，我们可以设定一个参数 R_{dz}，使

$$R_{dz} = \left(\frac{A_1}{A_\Sigma}\right)^2 R_1 + \left(\frac{A_2}{A_\Sigma}\right)^2 R_2 + \left(\frac{A_3}{A_\Sigma}\right)^2 R_3 + \cdots + \left(\frac{A_n}{A_\Sigma}\right)^2 R_n \quad (\Omega) \quad (3-30)$$

则式(3-30)可变为

$$\Delta A = 3 I_\Sigma^2 R_{dz} t \times 10^{-3} \quad (\text{kWh}) \qquad (3-31)$$

我们将 R_{dz} 称为线路的等值电阻。相当于电网中所有的损耗都是等值电阻 R_{dz}，一个虚拟的元件给损耗掉的。

原电力网就可以等值为如图 3 - 9 形式：

图 3 - 9　电力网等值电路图

一般情况下，各点电量 A_1、A_2、A_4 等是可以测到的，所以等值电阻 R_{dz} 也就可以算出来。

运用同样的方法也可以得出变压器绕组的等值电阻。

利用 $I_n = \dfrac{A_n}{A_\Sigma} I_\Sigma$，即用各变压器电量近似得到各支路的电流，最终求得等值电阻的方法，我们称之为电量求阻法。

另外，在实际情况中电量有时候是得不到的，我们还可以用变压器容量来代替上式中的电量，即 $I_n = \dfrac{S_n}{S_\Sigma} I_\Sigma$，此时，等值电阻 R_{dz} 就为：

$$R_{dz} = \left(\frac{S_1}{S_\Sigma}\right)^2 R_1 + \left(\frac{S_2}{S_\Sigma}\right)^2 R_2 + \left(\frac{S_3}{S_\Sigma}\right)^2 R_3 + \cdots + \left(\frac{S_n}{S_\Sigma}\right)^2 R_n (\Omega) \quad (3-32)$$

这种用变压器容量近似得到各支路电流，最终求得等值电阻的方法，我们称之为容量求阻法。

二、引入 K 系数算电流

如果我们已经知道了线路的等值电阻，如开始所述的，那么线路的理论线损就为：

$$\Delta A = 3R \int i^2 \mathrm{d}t \times 10^{-3} (\mathrm{kWh}) \quad (3-33)$$

如果积分以小时为单位，则有：

$$\Delta A = 3R(I_1^2 + I_2^2 + I_3^2 + \cdots + I_{24}^2) \times 10^{-3} (\mathrm{kWh}) \quad (3-34)$$

但 24 小时电流是不容易得到的，我们设定一个参数 K，令其值为：

$$K = \frac{I_{jf}}{I_{av}} = \frac{\sqrt{\dfrac{I_1^2 + I_2^2 + \cdots + I_{24}^2}{24}}}{I_{pj}} \quad (3-35)$$

其中，I_{jf}——24 点均方根电流，$I_{jf} = \sqrt{\dfrac{I_1^2 + I_2^2 + \cdots + I_{24}^2}{24}}$；

I_{av}——24 点平均电流，$I_{av} = \dfrac{I_1 + I_2 + \cdots + I_{24}}{24}$。

然后再把参数 K 的值代入 $(3-34)$ 中，就得到：

$$\Delta A = 3RK^2 I_{av}^2 \times 10^{-3} \quad (\text{kWh}) \tag{3-36}$$

我们知道平均电流的平方可以用有功、无功、电压来表示：

$$I_{av}^2 = \frac{A_P^2 + A_Q^2}{U_{av}^2} \tag{3-37}$$

把 $(3-37)$ 代入公式 $(3-36)$ 中，得到了：

$$\Delta A = 3R_{dz} \cdot K^2 \cdot \frac{A_P^2 + A_Q^2}{U_{av}^2} \times 10^{-3} \quad (\text{kWh}) \tag{3-38}$$

这样，上式 $(3-38)$ 中，线路首端的有功、无功、线路运行平均电压等，都是很容易得到的数值；K 系数是一个大于或等于 1 的一个经验值；R_{dz} 前面已经求出，有了这几个值，就可以较为精确地得到线路的理论线损了。

K 系数实际上反映了负荷曲线的变化特点，所以又称为"线路负荷曲线特征系数"。如果负荷 24 小时保持恒定，则 $K=1$；如果负荷有变化，K 大于 1。负荷变化越大，K 值就越大，相应的线路损耗也就越大。

需要说明的是，实际运用到的一些具体方法，虽然它们表现出来的计算公式各不相同，但这些方法都是在前述原理上派生、推演出来的，只不过因为具体的计算条件和计算资料（如是否可以得到 24 点电流数据、是否已知各变压器电量等）不同而面目不同罢了。下面简要罗列几种计算方法的公式，以方便读者查阅。

1. 均方根电流法

均方根电流法是基本计算方法。均方根电流法的物理概念是，线路中流过的均方根电流所产生的电能损耗相当于实际负荷在同一时间内所产生的电能损耗。均方根电流法的优点是：方法简单，按照代表日 24 小时整点负荷电流或有功功率、无功功率或有功电量、无功电量、电压、配电变压器额定容量、参数等数据计算出均方根电流就可以进行电能损耗计算，易于计算机编程计算。缺点是：代表日选取不同会有不同的计算结果，计算误差较大。

$$\Delta A = 3I_{jf}^2 R_{d \cdot \sum} t \left(\frac{A_{P \cdot g}}{A_{rj}} \frac{1}{N_t} \right)^2 \times 10^{-3} \quad (\text{kW} \cdot \text{h}) \tag{3-39}$$

其中：I_{jf}——线路首端代表日的均方根电流，$I_{jf} = \sqrt{\dfrac{\sum\limits_{i=1}^{24} I_i^2}{24}}$，A；

$R_{d \cdot \sum}$——线路总等值电阻，是线路导线等值电阻与变压器绕组等值电阻之和；

$A_{P \cdot g}$—— 线路某月的实际有功供电量，kWh；

A_{rj}—— 代表日平均每天的有功供电量，kWh；

t—— 线路实际运行时间，h；

N_t—— 线路某月实际投运天数，$N_t = t/24$。

均方根电流取代表日 24 点电流计算得来，所以它适用的情况为：供用电较为均衡，负荷峰谷差较小，日负荷曲线较为平坦的电网计算。

2. 平均电流法

平均电流法也称形状系数法，是利用均方根电流法与平均电流的等效关系进行电能损耗计算的，由均方根电流法派生而来。平均电流法的物理概念是：线路中流过的平均电流所产生的电能损耗相当于实际负荷在同一时间内所产生的电能损耗。平均电流法的优点是：用实际中较容易得到并且较为精确的电量作为计算参数，计算结果较为准确，计算出的电能损耗结果精度较高；按照代表日平均电流和计算出形状系数等数据计算就可以进行电能损耗计算，易于计算机编程计算。缺点是：对没有实测记录的配电变压器，形状系数不易确定，计算误差较大。

$$\Delta A = 3 I_{av}^2 K^2 R_{d \cdot \sum} t \left(\frac{A_{P \cdot g}}{A_{rj} N_t} \right)^2 \times 10^{-3} \quad (kWh) \quad (3-40)$$

其中：I_{av}—— 线路首端代表日的平均电流，$I_{av} = \dfrac{\sum_{i=1}^{24} I_i}{24}$，A；

$A_{P \cdot g}$—— 线路某月的实际有功供电量，kWh；

K—— 线路负荷曲线特征系数，提前设定；

$R_{d \cdot \sum}$—— 线路总等值电阻，是线路导线等值电阻与变压器绕组等值电阻之和。

3. 电量法

$$\Delta A = \frac{(A_{P \cdot g}^2 + A_{Q \cdot g}^2)}{(U_{av} t)^2} K^2 R_{d \cdot \sum} t \times 10^{-3} \quad (kWh) \quad (3-41)$$

其中：$A_{P \cdot g}$—— 线路某月的实际有功供电量，kWh；

$A_{Q \cdot g}$—— 线路某月的实际无功供电量，kvarh；

U_{av}—— 线路平均运行电压，kV；

K—— 线路负荷曲线特征系数。

此法必须知道线路末端变压器的电量，用"电量求阻法"来求等值电阻。然后用线路首端电量和设定的 K 系数来求电流。当线路首端电量是月电量时，求出的线损电量是月结果；若为日电量，则为日结果。由于线路有功供电量和无功供电量均取值于电能表，因此，此种方法不仅简便易行，而且精度较高，所以其适用于农村电网的理论线损计算,是现行常用的新方法。

4. 容量法

因为线路末端变压器电量未知,等值电阻只能用"容量求阻法"来计算,故此种计算线损的方法称为容量法。其余计算处理与上述"电量法"都相同,表现出来的公式也一致,这里不再重复列出。此种计算方法不需采集线路末端变压器的电量,极为简单,为一种近似估算法。

另外需要说明的是:以上计算得到的其实只是与电流有关的可变线损,还要再加上电网的固定线损,才是整个电力网的总线损电量。

其中固定线损电量=固定线损功率×电网运行时间。

固定线损功率主要包括变压器的铁损及表计电压线圈损失,其具体求法这里不再赘述。

我们把各种方法做比较,详细说明它们相同的本质,以及各自不同的处理方式,如图3-10所示。

其实我们已经知道,运用上述各种方法求线损电量,都是只需求得等值电阻、电流,然后对时间积分,原理一致。求等值电阻根据是否已知电量选择用电量求阻法或容量求阻法来求,上述各种求线损电量的方法都是这样处理。

所以,当等值电阻求得的话,求线损就只剩下电流的问题。我们用下面这个指示图来描述对电流的考虑过程,显见,各种方法最终都归结为均方根电流法。

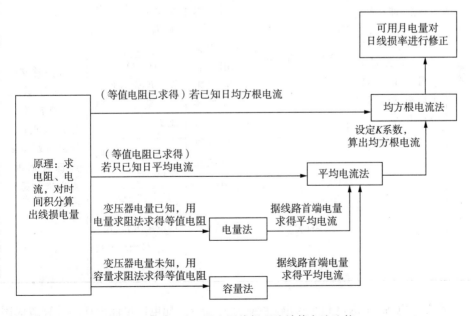

图3-10 10kV配电网线损理论计算方法比较

在图 3-10 中需要说明的是:当电量法和容量法首端电量是月数据时,求出来的线损电量就是月损耗;当首端电量是日数据时,求出来的就是日损耗。就是说,这两种方法并不涉及月电量对日结果修正的问题。

表 3-1 从计算电流、损耗等方面对各种计算方法进行详细比较。

表 3-1　10kV 配电网线损理论计算方法比较

计算方法	基本计算原理	计算公式	电阻 R	电流 i	其他说明
均方根电流法	各种计算方法的计算公式虽然各不相同,但其计算原理本质上是一致的,即都是:$\Delta A = 3R\int i^2 \, \mathrm{d}t \times 10^{-3}$,只要已知电阻 R,电流 i,就可以根据时间积分算出 ΔA	$\Delta A = 3I_{jf}^2 R_{d.}\sum t$ $\left(\dfrac{A_{P\cdot g}}{A_{rj}N_t}\right)^2 \times 10^{-3}$	运用等值电阻法求 R_{dz},若已知电量则用"电量求阻法"求,否则就用"容量求阻法"来求。具体计算方法见前述	取代表日24点均方根电流 I_{jf}	用 $\left(\dfrac{A_{P\cdot g}}{A_{rj}N_t}\right)^2$ 来修正日损耗结果得到月损耗结果。其中 $A_{P\cdot g}$ 为线路某月的有功供电量,A_{rj} 为代表日的有功供电量,N_t 为月实际投运天数
平均电流法		$\Delta A = 3I_{av}^2 K^2 R_{d.}\sum t$ $\left(\dfrac{A_{P\cdot g}}{A_{rj}N_t}\right)^2 \times 10^{-3}$		已知代表日平均电流 I_{pj},设定 K 值,根据 $I_{pj}K = I_{jf}$ 即得到均方根电流	
电量法		$\Delta A = \dfrac{(A_P^2 + A_Q^2)}{(U_{av}t)^2} K^2 R_{d.}\sum t \times 10^{-3}$		先求出平均电流:$I_{av} = \sqrt{\dfrac{(A_P^2 + A_Q^2)}{(U_{av}t)^2}}$ 再设定 K,据 $I_{av}K = I_{jf}$ 得到均方根电流 I_{jf}	当线路首端电量是月数据时,算出来的是月线损;当线路首端电量是日数据时,算出来的是日线损
容量法		$\Delta A = \dfrac{(A_P^2 + A_Q^2)}{(U_{av}t)^2} K^2 R_{d.}\sum t \times 10^{-3}$		先求出平均电流:$I_{av} = \sqrt{\dfrac{(A_P^2 + A_Q^2)}{(U_{av}t)^2}}$ 再设定 K,$I_{av}K = I_{jf}$ 得到均方根电流 I_{jf}	

地方小电源(小水电和小火电)的存在对 10kV 配电网电能损耗的计算造成困难。一般在等值电阻法的基础上,采用"等效容量法"对其进行处理。

（1）等效容量法（Ⅰ）

关于小电源问题，由于它们的发电量并不和升压配变容量成正比，在计算时段 T 内也不一定全发电，所以不能像用户那样按配变容量"分享"总均方根电流 I_{jf0}。

根据每个小电源在时段 T 内的有功电量 E_{si} 和无功电量 Q_{si}，可以得到它的均方根电流 I_{jfsi}：

$$I_{avesi} = \frac{\sqrt{E_{si}^2 + Q_{si}^2}}{\sqrt{3}UT} \tag{3-42}$$

$$I_{jfsi} = kI_{avesi} \tag{3-43}$$

其中，k 为形状系数，可取与 10kV 配电网首端装设电量表处相同的值；U 为配电网的额定电压，kV。

对于一个有 m_1 台用户配变和 m_2 台小电源升压配变的 10kV 配电网（$m = m_1 + m_2$），每个小电源的均方根电流可以定义为：

$$I_{jfsi} = -\frac{S_{si}}{\sum\limits_{j=1}^{m_1} S_j + \sum\limits_{i=1}^{m_2} S_{si}} I_{jf0} \tag{3-44}$$

其中，m_1 台用户配变 S_j 已知，m_2 台小电源升压配变等值容量 S_{si} 待求。

当我们得到 m_2 台小电源的电能读数，即得到 m_2 台小电源均方根电流 I_{jfsi}，就有 m_2 个线性方程：

$$\begin{cases} I_{jfs1} = -\dfrac{S_{s1}}{\sum\limits_{j=1}^{m_1} S_j + \sum\limits_{i=1}^{m_2} S_{si}} I_{jf0} \\[3em] I_{jfs2} = -\dfrac{S_{s2}}{\sum\limits_{j=1}^{m_1} S_j + \sum\limits_{i=1}^{m_2} S_{si}} I_{jf0} \\[2em] \cdots \\[2em] I_{jfsi} = -\dfrac{S_{si}}{\sum\limits_{j=1}^{m_1} S_j + \sum\limits_{i=1}^{m_2} S_{si}} I_{jf0} \end{cases} \tag{3-45}$$

$$I_{jfsm2} = -\frac{S_{sm2}}{\sum\limits_{j=1}^{m_1} S_j + \sum\limits_{i=1}^{m_2} S_{si}} I_{jf0}$$

式(3-45)表达了以 m_2 个小电源升压配变等值容量 S_{si} 为变量的线性方程组，据此非常容易地求出 m_2 个小电源等值容量 S_{si}。

当求出每个小电源升压变的等效容量 S_{si}，在进行配电网理论线损计算时，将其看成一个具有 $S_{si}(<0)$ 的专用配变，即可按照等值电阻法进行。

对于方程组(3-45)的解，可以分三种情况讨论如下：

① 当 $\sum\limits_{j=1}^{m_1} S_j > \sum\limits_{i=1}^{m_2} S_{si}$ 时，35kV 及以上电力网和小电源同时向 10kV 配电网送电，m_2 个小电源等值容量 S_{si} 均小于零。

② 当 $\sum\limits_{j=1}^{m_1} S_j < \sum\limits_{i=1}^{m_2} S_{si}$ 时，小电源向 10kV 配电网送电，同时向 35kV 及以上电力网反送电，导致 $I_{jf0} < 0$，因而 m_2 个小电源等值容量 S_{si} 仍然均小于零。

③ 当 $\sum\limits_{j=1}^{m_1} S_j = \sum\limits_{i=1}^{m_2} S_{si}$ 时，10kV 配电网从小电源获取全部电能，近似相当于一个孤立网络。这是一个极特殊的情况。因此，不论在那种情况下，m_2 个小电源等值容量 S_{si} 仍然均小于零。

(2) 等效容量法(Ⅱ)

根据每个小电源在时段 T 内的有功电量 E_{si} 和无功电量 Q_{si}，可以得到它的平均电流 I_{avesi}：

$$I_{avesi} = \frac{\sqrt{E_{si}^2 + Q_{si}^2}}{\sqrt{3}UT} \tag{3-46}$$

因此，第 i 台配变在时段 T 内的平均视在功率为：

$$S_{si} = \sqrt{3}\ \dot{I}_{avesi}U = \frac{\sqrt{E_{si}^2 + Q_{si}^2}}{T} \quad i = 1,2,\cdots,m_2 \tag{3-47}$$

当按照(3-47)求出了每个小电源升压变的等效容量 S_{si}，在进行配电网理论线损计算时，将其看成一个具有 S_{si} 的专用配变，即可按照等值电阻法进行。

第三节　400V 电网线损计算

400V 低压配电网有三相四线制、单相制、三相三线制等供电方式，而且各相电流也不平衡；各种容量的变压器供电出线回路数均不一样；沿线负荷的分布没有严格的规律；同一回主干线可能有几种导线截面组成等；同时，低压配电网又往往缺乏完整、准确的线路参数和负荷数据。因此，要详细、精确计算低压电力网的电能损耗比较困难。目前采用的计算方法主要有三种方法:电压损失法、等值电阻法和前推后代法。

一、电压损失法

电压损失法计算线损主要用于低压 400V 台区,无须建立计算模型,只要求简单的电压运行数据,避免了难于整理的电网结构数据,既简便易行又相对合理,但计算结果误差较大。计算原理如下:

抽样测量该网送端电压 U_1 和末端电压 U_2(线电压,kV),首端平均功率因数 $\cos\varphi$,得到抽样的电压降:

$$\Delta U = \frac{U_1 - U_2}{U_1} \times 100\% \qquad (3-48)$$

通过一个由低压网(主要)导线大小决定的系数 K_P 估算该网的线损率:

$$\Delta P_D = K_P \Delta U \qquad (3-49)$$

其中:

$$K_P = \frac{1 + \text{tg}^2\varphi}{1 + \frac{x}{R}\text{tg}\varphi} \qquad (3-50)$$

x/R 为导线电抗与电阻之比,其典型数据见表 3-2;φ 为电流与电压间的相角差,即功率因数角。

表 3-2　典型低压网导线的 x/R 数值

低压网导线	铝 25	铝 35	铝 50	铝 70	铝 95	铝 120	铝 150	铝 185	铝 240	铝 300	铝 400
x/R	0.243	0.328	0.457	0.619	0.816	0.97	1.216	1.467	1.64	1.978	2.51
低压网导线	铜 16	铜 25	铜 35	铜 50	铜 70	铜 95	铜 120				
x/R	0.365	0.399	0.528	0.743	1.0743	1.352	1.656				

(1) 能获取总表有功电量和无功电量情形

设 T 时段内有功电能读数为 $E(\text{MWh})$ 和无功电能读数为 $Q(\text{Mvarh})$,则:

$$\text{tg}\varphi = \frac{E}{Q} \qquad (3-51)$$

根据低压网主要导线大小,查表得到 x/R,代入式中得到 K_P,并计算出 ΔP_D。于是低压网络电能损耗为:

$$\Delta E_D = \frac{\Delta P_D}{100} \times E + \left(\frac{T}{720}\right)(0.001 \times m_1 + 0.002 \times m_2) \quad (\text{MWh}) \quad (3-52)$$

式中：m_1 —— 网内单相电能表个数；

$\quad\quad m_2$ —— 网内三相电能表个数。

（2）没有总表情形只能用钳表，抽样总电流 I（kA）和平均功率因数 $\cos\varphi$，得到：

$$\mathrm{tg}\varphi = \frac{\sqrt{1-\cos^2\varphi}}{\cos\varphi} \tag{3-53}$$

得到 K_P，再代入式中求得 ΔP_D，T 时段内的低压网络电能损耗为：

$$\Delta E_D = \sqrt{3}U_1 I\cos\varphi \times T \times \frac{\Delta P_D}{100} + \left(\frac{T}{720}\right)(0.001 \times m_1 + 0.002 \times m_2) \quad (\mathrm{MWh})$$

$$\tag{3-54}$$

二、等值电阻法

400V 低压网与 10kV 配电网的特点相似，因此用等值电阻法计算 400V 低压网的电能损耗也是可行的。即应用 10kV 配电网等值电阻法的计算数学模型，结合低压电力网的特殊性，利用配电变压器低压侧总表的有功、无功电度替代 10kV 配电网的首端电量；利用各用户电度表的有功电度和无功电度计算出一个等效容量，并以此替代 10kV 线路中配电变压器的容量；线路的结构参数类似 10kV 线路的方法组织。

1. 计算原理

三相三线制和三相四线制的低压网线损理论计算式可综合表示如下：

$$\Delta A = N(kI_{\mathrm{av}})^2 R_{\mathrm{dz}} T \times 10^{-3} \tag{3-55}$$

其中，N —— 电力网结构系数，单相供电取 2，三相三线制时取 3，三相四线制时取 3.5；

$\quad\quad I_{\mathrm{av}}$ —— 线路首端平均电流；

$\quad\quad k$ —— 形状系数；

$\quad\quad R_{\mathrm{dz}}$ —— 低压线路等值电阻；

$\quad\quad T$ —— 运行时间。

2. 平均电流

$$I_{\mathrm{av}} = \frac{1}{\sqrt{3}U_{\mathrm{av}}T}\sqrt{(E_P^2 + E_Q^2)} \quad \text{或} \quad I_{\mathrm{av}} = \frac{E_P}{\sqrt{3}U_{\mathrm{av}}T\cos\varphi} \tag{3-56}$$

其中，E_P —— 首端总有功电量，MWh；

$\quad\quad E_Q$ —— 首端总无功电量，Mvarh；

$\quad\quad \cos\varphi$ —— 首端功率因数；

$\quad\quad U_{\mathrm{av}}$ —— 首端平均电压，kV。

负载曲线形状系数

$$k = \frac{I_{\text{if}}}{I_{\text{av}}} = \frac{\sqrt{\dfrac{1}{T}\sum_{i=1}^{T} I_i^2}}{\dfrac{1}{T}\sum_{i=1}^{T} I_i} \qquad (3-57)$$

其中，I_i 为首端每小时电流值，kA。

等值电阻

$$R_{\text{dz}} = \frac{\sum_{j=1}^{n} N_j A_{j\sum}{}^2 R_j}{N\left(\sum_{i=1}^{m} A_i\right)^2} \qquad (3-58)$$

其中，A_i—— 用户电能表的抄见电量，MWh；

　　　A_j—— 第 j 计算线段供电的用户电能表抄见电量之和，MWh；

　　　R_j—— 第 j 计算线段的电阻；

　　　N, N_j—— 分别为各计算线段的电力网结构系数。

电能表的损耗计算方法和电压损失法的相同。

三、前推后代法

目前，配网低压 400V 软件基本上采用的都是等值电阻法等简化算法，这种算法由于不考虑三相四线或者单相二线等线制的影响及实际中电压降对线路的影响，所以等值电阻法只能粗略的算出整个低压台区的理论线损，而对每条支路的损耗等变量难以准确地给出。基于支路电流的改进前推后代法，只需要输入用户的电量等数据，在前推后代法的理论基础上，形成一种实用的低压 400V 计算方法，由于考虑了线制和电压降对线路线损的影响，所以计算得出的结果比较准确，也可以得出线路中每条导线上的压降、电流等数据。

第四节　电网元件损耗计算

一、变压器损耗计算

1. 变压器参数准备

（1）双绕组变压器参数计算

① 双绕组变压器电阻 R_{T}

$$R_{\text{T}} = \frac{\Delta P_k U_{\text{N}}^2}{S_{\text{N}}^2} \times 10^3 \qquad (3-59)$$

其中,ΔP_k—— 变压器短路损耗,kW;

    U_N—— 归算侧变压器额定电压,kV;

    S_N—— 变压器额定容量,kVA。

② 双绕组变压器电抗X_T

$$X_T = \frac{U_k\% U_N^2}{S_N} \times 10 \qquad (3-60)$$

其中,U_N—— 变压器额定电压,kV;

    S_N—— 变压器额定容量,kVA;

    $U_k\%$—— 短路电压占额定电压的百分比。

（2）三绕组变压器参数计算

① 三绕组变压器电阻R_T

各绕组电阻的计算公式为:

$$R_{T1} = \frac{\Delta P_{k1} U_N^2}{S_N^2} \times 10^3 ; R_{T2} = \frac{\Delta P_{k2} U_N^2}{S_N^2} \times 10^3 ; R_{T3} = \frac{\Delta P_{k3} U_N^2}{S_N^2} \times 10^3 \quad (3-61)$$

其中,

$$\begin{cases} \Delta P_{k1} = \frac{1}{2}(\Delta P_{k12} + \Delta P_{k13} + \Delta P_{k23}) \\[2mm] \Delta P_{k2} = \frac{1}{2}(\Delta P_{k12} + \Delta P_{k23} + \Delta P_{k13}) \\[2mm] \Delta P_{k3} = \frac{1}{2}(\Delta P_{k13} + \Delta P_{k23} + \Delta P_{k12}) \end{cases} \qquad (3-62)$$

其中,$\Delta P_{k12}, \Delta P_{k13}, \Delta P_{k23}$—— 三个绕组两两短路损耗,kW;

    U_N—— 归算侧变压器额定电压,kV;

    S_N—— 变压器额定容量,kVA。

② 三绕组变压器电抗X_T

各绕组归算到高压侧额定电压U_{1N}的等值电抗为:

$$X_{T1} = X_{T2} = X_{T3} = \frac{U_{k1}\% U_N^2}{S_N} \times 10 \qquad (3-63)$$

$$\begin{cases} U_{k1}\% = \frac{1}{2}(U_{k12}\% + U_{k13}\% - U_{k23}\%) \\[2mm] U_{k2}\% = \frac{1}{2}(U_{k12}\% + U_{k23}\% - U_{k13}\%) \\[2mm] U_{k3}\% = \frac{1}{2}(U_{k13}\% + U_{k23}\% - U_{k12}\%) \end{cases} \qquad (3-64)$$

式中，$U_{k13}\%$，$U_{k12}\%$，$U_{k23}\%$——变压器三个短路电压百分比；

　　U_N——归算侧变压器额定电压，kV；

　　S_N——变压器额定容量，kVA。

　　2. 变压器的功率及电压损耗

　　（1）变压器功率损耗

　　变压器功率损耗分为两部分，与负荷无关的损耗称为空载损耗，即变压器铁损，它与变压器的容量和电压有关；随负荷变化的损耗称为负载损耗，即变压器铜损，它与负荷有关。

　　① 双绕组变压器功率损耗

有功损耗：
$$\Delta P_T = \Delta P_0 + \frac{P^2 + Q^2}{U^2} R_T \qquad (3-65)$$

无功损耗：
$$\Delta Q_T = \frac{I_0\%}{100} S_N + \frac{P^2 + Q^2}{U^2} X_T \qquad (3-66)$$

其中，ΔP_0——变压器空载有功损耗，kW；

　　R_T——变压器电阻，Ω；

　　$I_0\%$——变压器空载电流百分比；

　　S_N——变压器的额定容量，MVA；

　　X_T——变压器电抗，Ω。

　　② 三绕组变压器功率损耗

有功损耗：

$$\Delta P_T = \Delta P_0 + \frac{P_1^2 + Q_1^2}{U_1^2} R_{T1} + \frac{P_2^2 + Q_2^2}{U_2^2} R_{T2} + \frac{P_3^2 + Q_3^2}{U_3^2} R_{T3} \qquad (3-67)$$

无功损耗：

$$\Delta Q_T = \frac{I_0\%}{100} S_N + \frac{P_1^2 + Q_1^2}{U_1^2} X_{T1} + \frac{P_2^2 + Q_2^2}{U_2^2} X_{T2} + \frac{P_3^2 + Q_3^2}{U_3^2} X_{T3} \qquad (3-68)$$

其中，ΔP_0——变压器空载有功损耗，kW；

　　R_T——变压器电阻，Ω；

　　$I_0\%$——变压器空载电流百分比；

　　S_N——变压器的额定容量，MVA；

　　X_T——变压器电抗，Ω。

　　③ 另外，可根据变压器的铭牌求功率损耗，以双绕组变压器为例，计算公式如下：

$$\Delta P_{\mathrm{T}} = \Delta P_0 + \Delta P_{\mathrm{k}} \left(\frac{S}{S_{\mathrm{N}}}\right)^2 \tag{3-69}$$

$$\Delta Q_{\mathrm{T}} = \frac{I_0 \%}{100} S_{\mathrm{N}} + \frac{U_{\mathrm{k}} \% S_{\mathrm{N}}}{100} \left(\frac{S}{S_{\mathrm{N}}}\right)^2 \tag{3-70}$$

其中，ΔP_0——变压器空载有功损耗，kW；

$\quad\quad \Delta P_{\mathrm{k}}$——变压器短路损耗，kW；

$\quad\quad S$——通过变压器的实际容量，MVA；

$\quad\quad S_{\mathrm{N}}$——变压器的额定容量，MVA；

$\quad\quad I_0 \%$——空载电流百分比；

$\quad\quad U_{\mathrm{k}} \%$——短路电压百分比。

④ n 台参数相等的变压器并列运行时的功率损耗

$$\Delta P_{\mathrm{T}} = n\Delta P_0 + n\Delta P_{\mathrm{k}} \left(\frac{S}{nS_{\mathrm{N}}}\right)^2 \tag{3-71}$$

$$\Delta Q_{\mathrm{T}} = n\frac{I_0 \%}{100} S_{\mathrm{N}} + n\frac{U_{\mathrm{k}} \% S_{\mathrm{N}}}{100} \left(\frac{S}{nS_{\mathrm{N}}}\right)^2 \tag{3-72}$$

其中，n——并列变压器台数；

$\quad\quad \Delta P_0$——变压器空载有功损耗，kW；

$\quad\quad \Delta P_{\mathrm{k}}$——变压器短路损耗，kW；

$\quad\quad S$——通过变压器的实际容量，MVA；

$\quad\quad S_{\mathrm{N}}$——变压器的额定容量，MVA；

$\quad\quad I_0 \%$——空载电流百分比；

$\quad\quad U_{\mathrm{k}} \%$——短路电压百分比。

（2）变压器的电压损耗计算

变压器的电压损耗计算与线路的电压损耗计算方法基本相同，不再赘述。

二、线路损耗计算

1. 线路参数准备

（1）线路电阻

电流通过导线时受到的阻力，称为电阻。电阻的存在不仅会使导线消耗有功功率并发热，而且还会造成电压降落。

$$R = r_0 L \tag{3-73}$$

其中：r_0——导线单位长度的电阻；

L—— 导线长度。

(2) 线路电抗

导线中通过交流电流,在其内部和外部产生交变磁场,而引起电抗,以下将分情况对不同的导线介绍电抗的计算。

① 三线制线路电抗

当三相线路对称排列时,每相每公里导线的电抗x_0为:

$$x_0 = 2\pi fL = 2\pi f\left[4.6\log\left(\frac{D_{cp}}{r}\right) + 0.5\mu\right] \times 10^{-4} \qquad (3-74)$$

其中:f—— 交流电频率,Hz;

r—— 导线的半径,cm 或 mm;

μ—— 导线材料相对导磁系数,对铜、铝等有色金属,$\mu=1$;

D_{cp}—— 三相导线的几何均距,cm 或 mm。

② 分裂导线线路电抗

超高压输电线路通常采用分裂导线,这种导线方式改变了导线周围的磁场分布,等效地增大了导线半径,降低了线路电抗,提高了输送容量。分裂导线线路每相每公里电抗计算公式如下:

$$X_1 = 0.1445\lg\left(\frac{d_{cp}}{r_e}\right) + \frac{0.015}{n} \qquad (3-75)$$

其中:r_e—— 每相导线的计算半径,cm 或 mm;

n—— 每相导线中导线分裂根数;

d_{cp}—— 一相中分裂导线间的几何均距,cm 或 mm。

(3) 电导和电纳

电导(G)表示架空线路与空气电离有关的有功功率损耗(电晕损耗),与沿绝缘子泄漏电流所致的有功功率损耗及绝缘子介质中的有功功率损耗。

通常 35kV 以下的架空线路不考虑电晕损耗、绝缘子泄漏和介质损耗。对于 110kV 线路电晕损耗不考虑,但对绝缘子产生的泄漏损耗一般按线路损耗的 2% 计算。

线路电纳是由导线间的电容及导线对地电容所决定的,用 B 表示。

线路电纳在 110kV 及以上超高压电力网中才考虑,在 35kV 以下电力网中忽略不计。

2. 导线电压损耗、功率损耗的计算

(1) 线路功率损耗

以图 3-11 导线的等值电路图为例来计算线路的功率损耗。

$$\Delta P = 3I^2 R \times 10^{-3} = 3 \left(\frac{S}{\sqrt{3}U} \right)^2 R \times 10^{-3} = \frac{P^2 + Q^2}{U^2} R \times 10^{-3} \quad (3-76)$$

$$\Delta Q = 3I^2 X \times 10^{-3} = 3 \left(\frac{S}{\sqrt{3}U} \right)^2 X \times 10^{-3} = \frac{P^2 + Q^2}{U^2} X \times 10^{-3} \quad (3-77)$$

其中:ΔP—— 有功功率损耗,MW;

$\quad \Delta Q$—— 无功功率损耗,MW;

$\quad U$—— 线电压,kV;

$\quad R$—— 线路每相的电阻,Ω;

$\quad X$—— 线路每相的电抗,Ω。

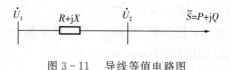

图 3-11　导线等值电路图

（2）线路电压损耗

$$\Delta U = \frac{P_1 R + Q_1 X}{U_1} \quad U_2 = U_1 - \Delta U \quad (3-78)$$

其中:P_1—— 线路首端有功功率,MW;

$\quad Q_1$—— 线路首端无功功率,Mvar;

$\quad U_1 、 U_2$—— 分别为线路首、末端电压,kV。

三、计算案例

以上我们介绍了电网元件参数,以及单个电网元件的电压、功率损耗计算。接下来,我们将开始计算电力网的理论线损潮流计算。电力网一般分为开式网（辐射形电网）、闭式网（环形网）两种。首先介绍的是较为简单的开式网计算。

1. 开式电网理论线损计算

有一个简单的开式电网如图 3-12 所示:

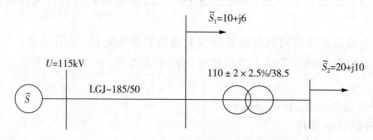

图 3-12　开式电网理论线损计算示例图

其中变压器相关参数为:$U_K\%=10.5$;$I_0\%=2.7$;$\Delta P_K=200\text{kW}$;$\Delta P_0=86\text{kW}$;在只知道如图的参数的情况下,要求电网中每个元件的损耗,及全网总损耗,我们利用潮流计算法进行:

① 首先作电网的等值电路图(图 3-13),以及元件参数准备(参数计算过程略,这里只给出结果):$R_L=r_0 \cdot L=8.5\Omega$; $X_L=X_0 \cdot L=20\Omega$;$R_T=2.44$(归算到高压侧);$X_T=40.3$。

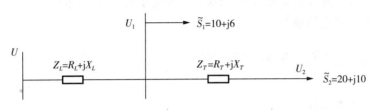

图 3-13 开式电网等值电路图

② 从网络末端开始,依次求出各元件的损耗,并从末端向首端进行功率相加,求出功率的初分布。

首先是最末端变压器的损耗:

$$\begin{cases} \Delta P_T=\Delta P_0+\dfrac{P_2^2+Q_2^2}{U^2}R_T=0.086+\dfrac{20^2+10^2}{110^2}\times 2.44 \\[2mm] \quad\quad =0.086+0.1=0.186(\text{MW}) \\[2mm] \Delta Q_T=\dfrac{I_0\%}{100}S_N+\dfrac{P_2^2+Q_2^2}{U^2}X_T=\dfrac{2.7}{100}\times 3.15+\dfrac{20^2+10^2}{110^2}\times 40.3 \\[2mm] \quad\quad =0.85+1.665=2.515(\text{Mvar}) \end{cases}$$

然后再累加变压器高、低压端的负荷出力,就得到导线末端的功率:

$$\begin{cases} P_L=P_2+P_1+\Delta P_T=20+10+0.186=30.186(\text{MW}) \\[2mm] Q_L=Q_2+Q_1+\Delta Q_T=10+6+2.515=17.66(\text{Mvar}) \end{cases}$$

接下来求导线的损耗:

$$\begin{cases} \Delta P_L=\dfrac{P_L^2+Q_L^2}{U^2}R_L=\dfrac{30.186^2+17.66^2}{110^2}\times 8.5=0.859(\text{MW}) \\[2mm] \Delta Q_L=\dfrac{P_L^2+Q_L^2}{U^2}X_L=\dfrac{30.186^2+17.66^2}{110^2}\times 20=2.02(\text{Mvar}) \end{cases}$$

导线末端功率加上导线损耗，即为网络首端的输入功率：

$$\begin{cases} P = P_L + \Delta P_L = 30.186 + 0.859 = 31.045(\text{MW}) \\ Q = Q_L + \Delta Q_L = 17.66 + 2.02 = 19.68(\text{Mvar}) \end{cases}$$

至此，网络中各元件的损耗及网络功率初分布计算完成。

③ 然后，从网络首端到末端，依次求各段电压损耗、各点电压。

首先是导线电压损耗：

$$\Delta U_1 = \frac{PR_L + QX_L}{U} = \frac{31.045 \times 8.5 + 19.68 \times 20}{115} = 5.72(\text{kV})$$

则导线末端电压为：

$$U_1 = U - \Delta U_1 = 115 - 5.72 = 109.28(\text{kV})$$

同样方法求变压器电压损耗：

$$\Delta U_2 = \frac{20.1 \times 2.44 + 11.665 \times 40.3}{109.28} = 4.75(\text{kV})$$

则变压器末端电压为：

$$U_2 = U_1 - \Delta U_2 = 109.28 - 4.75 = 104.53(\text{kV})$$

变压器低压侧电压为：

$$104.53 \times \frac{38.5}{110} = 36.59(\text{kV})$$

至此，网络的潮流分布全部计算完成。

④ 最后的理论线损计算相当简单，由以上潮流计算有：变压器有功损耗为 0.186MW，其中铁损 0.086 MW，铜损 0.1 MW；导线有功损耗为 0.859 MW；电网理论线损即为电网中变压器损耗与导线损耗之和，

$$0.186 + 0.859 = 1.045(\text{MW})$$

则理论线损率即为：网络理论线损与网络首端输入有功的比值，$(0.186 + 0.859) \div 31.045 = 0.0337 = 3.37\%$。

网络的潮流分布如图 3-14 所示：

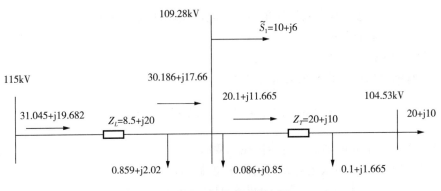

图 3-14　网络潮流分布图

2. 闭式电网的计算

闭式电网理论线损采用潮流计算法时,计算过程要比开式电网复杂,具体计算步骤请查阅相关电力系统分析专著,这里就不再详述,只给出大致的处理步骤:

(1)求解环形网络和两端供电网络的初步功率分布。

(2)找出功率分点和流向功率分点的功率。

(3)一般功率分点为全网最低电压点,在该点将环网解开,看作两个辐射形网络处理,如图 3-15 所示。

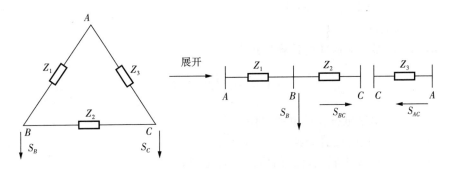

图 3-15　闭式电网计算步骤

3. 无功补偿设备损耗计算

(1)电容器有功损耗

① 并联电容器

并联电容器电能损耗的计算公式为

$$\Delta A = Q_c \cdot \tan\delta \cdot T$$

式中:ΔA——并联电容器的电能损耗,kWh;

$\quad Q_c$——投运的电容器容量,kvar;

tanδ—— 电容器介质损耗角的正切值,可取出厂试验值;

T—— 运行时间,h。

② 串联电容器

串联电容器电能损耗的计算公式为

$$\Delta A = 3 l_{rms}^2 \cdot \frac{1}{\omega C} \cdot \tan\delta \cdot T \times 10^{-3}$$

式中:ΔA—— 串联电容器的电能损耗,kWh;

I_{rms}—— 通过串联电容器的均方根电流,A;

ω—— 角频率,$\omega = 2\pi f$(f 为频率,Hz),rad/s;

C—— 每相串联电容器组的电容,μF。

(2)电抗器有功损耗

① 并联电抗器

并联电抗器的损耗根据出厂试验值按标准条件进行计算,公式为

$$\Delta A = P_N \cdot T$$

式中:ΔA—— 并联电抗器的电能损耗,kWh;

P_N—— 电抗器额定损耗(三相),kW;

T—— 电抗器运行时间,h。

② 串联电抗器

串联电抗器电能损耗的计算公式为

$$\Delta A = 3 P_k \left(\frac{I_{rms}}{I_N} \right) \cdot T$$

式中:ΔA—— 串联电抗器的电能损耗,kWh;

P_k—— 一相电抗器的额定损耗,kW;

I_{rms}—— 通过串联电抗器的均方根电流,A;

I_N—— 串联电抗器的额定电流,A;

T—— 由抗器运行时间,h。

(3)调相机有功损耗

调相机消耗的电能包括调相机本身的电能损耗及调相机辅机的电能损耗。

① 调相机本身的电能损耗

$$\Delta A = | Q | \frac{\Delta P\%}{100} T$$

其中:$|Q|$—— 调相机所发无功功率绝对值的平均值,Mvar;

$\Delta P\%$—— 平均无功负荷的有功功率损耗率,根据制造厂提供数据或试验测

定,MW/Mvar;

T——调相机运行小时数,h。

② 调相机辅机的电能损耗

直接采用调相机辅机电能表的抄见电量,MWh。

第五节 电网元件潮流计算结果修正

根据潮流计算得到的电能损耗只包括了线路和变压器的可变损耗。对于未计及元件线损中较为突出的损耗,采用以下方法计算,并据此对潮流计算结果加以修正。可以直接采用潮流计算所得线路和变压器支路的电流值。

一、架空线路损耗的温度补偿

计及温升影响的架空线路电能损耗,由下式计算:

$$\Delta E'_{L} = k_{w} \times \Delta E_{L} \quad (\text{MWh}) \tag{3-79}$$

其中:ΔE_{L}——未补偿前的损耗,即由潮流计算出的电能损耗;

$\Delta E'_{L}$——计及温升后的电能损耗;

k_{w}——温升系数,由下式计得:

$$k_{w} = \frac{\sum_{i=1}^{n} R_{i(20℃)} L_{i} \left[1 + 0.2 \left(\frac{I_{jf}}{N_{ci} I_{pi}} \right)^{2} + 0.004(t_{m} - 20) \right]}{\sum_{i=1}^{n} R_{i(20℃)} L_{i}} \tag{3-80}$$

其中:$R_{i(20℃)}$——线路第 i 段 20℃ 时单位长度的电阻值,Ω/km;

I_{jf}——线路的均方根电流值,kA,如果线路为双回路线路,I_{jf} 为整条线路一半;

I_{pi}——导线容许载流值,kA;

N_{ci}——每相分裂条数;

L_{i}——i 种型号导线的长度,km;

t_{m}——环境温度,℃。

二、架空线路电晕损失

当计及 220kV 及以上电压等级线路电晕损失时,由下式计算线路电晕损耗:

$$\Delta \dot{E}_{L} = 0.02 \times \Delta E'_{L} \tag{3-81}$$

其中:$\Delta \dot{E}_\mathrm{L}$—— 考虑电晕效应后的线路电能损耗;

$\Delta E'_\mathrm{L}$—— 由潮流计算后并计及温升引起的电能损失后的线路损耗。

三、电缆线路介质损耗计算

除用潮流方法计算电缆线芯电阻电能损耗外,还应计及绝缘介质中的电能损耗。如果生产厂家能够提供每公里额定介质损耗(MW/km),则可以直接用每公里额定介质损耗、长度及电缆线路运行时间三者之积得到电能损耗;否则电缆介质电能损耗(三相)按照下式计算:

$$\Delta A_i = U^2 \omega C T L \tan\delta \times 10^{-6} \quad (\mathrm{MWh}) \qquad (3-82)$$

其中:U—— 电缆运行线电压,kV;

ω—— 角速度,$\omega = 2\pi f$,f 为频率,Hz;

T—— 运行时间,h;

$\tan\delta$—— 介质损失角的正切值,或按表 3-3 选取;

L—— 电缆长度,km;

C—— 电缆每相的工作电容,可以由产品目录查得,按公式(3-83)计算。

$$C = \frac{\varepsilon}{18\ln \dfrac{r_\mathrm{e}}{r_\mathrm{i}}} \quad (\mu\mathrm{F/km}) \qquad (3-83)$$

其中:ε—— 绝缘介质的介电常数,可由产品目录查得,或按表 3-3 选取,或取实测值;

r_e—— 绝缘层外半径,mm;

r_i—— 线芯的半径,mm。

表 3-3　电缆常用绝缘材料的 ε 和 $\tan\delta$ 值

电缆型式	ε	$\tan\delta$
油浸纸绝缘		
黏性浸渍不滴流绝缘电缆	4	0.01
压力充油电缆	3.5	0.0045
丁基橡皮绝缘电缆	4	0.05
聚氯乙烯绝缘电缆	8	0.1
聚乙烯电缆	2.3	0.004
交联聚乙烯电缆	35	0.008

注:$\tan\delta$ 值为最高允许温度和最高工作电压下的允许值。

四、架空地线电能损耗的计算

1. 双架空地线,两边全接地能耗

该损耗由两部分构成:感应电流在两地线之间环流造成的损耗和感应电流环绕地线和大地之间造成的损耗。图 3-16 为双架空地线计算模型。

(1) 感应电流在两地线之间环流造成的损耗 ΔE_H

$$\Delta E_H = \frac{1.5\left(0.145 I_{jf}\lg\frac{d_{1A}}{d_{1C}}\right)^2 R_i}{R^2 + \left(0.145\lg\frac{d_{12}}{r} + x_i\right)^2} \times L \times T \times 10^{-6} \quad (\text{MWh}) \quad (3-84)$$

其中:L —— 架空地线(线路)长度,km;

$d_{1A}, d_{1B}, \cdots, d_{2C}$ —— 架空地线与导线的距离,m;

r —— 架空地线半径,m;

R_i —— 架空地线 20℃ 电阻,Ω/km;

T —— 线路计算线损时段,h;

I_{jf} —— 线路计算线损时段内均方根电流,A;

x_i —— 双架空地线,每米架空地线感抗,Ω/m。

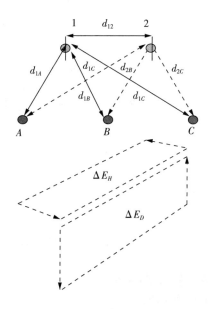

图 3-16　双架空地线计算模型

(2) 感应电流环绕地线和大地之间造成的损耗

$$\Delta E_H = \frac{\left(0.145\,\frac{I_{jf}}{2}\lg\frac{d_{1A}d_{1C}}{d_{1B}^2}\right)^2\times(0.5R_i+0.05)}{(0.5R_i+0.05)^2+\left(0.5\,x_i+0.145\lg\frac{D_0}{\sqrt{rd_{12}}}\right)^2}\cdot L\cdot T\times10^{-6}\quad(\text{MWh})\tag{3-85}$$

$$D_0 = 210\sqrt{\frac{10\rho}{f}}\tag{3-86}$$

其中：D_0 —— 地下感应电流的等值深度，m；

f —— 电流的频率，Hz；

ρ —— 大地电阻率，$\Omega\cdot$m。

于是双架空地线，两边全接地能耗：

$$\Delta E_2 = \Delta E_H + \Delta E_D\tag{3-87}$$

2. 单架空地线能耗（或双架空地线单边接地能耗）

$$\Delta E_1 = \frac{\mid E_1\mid^2\times(R_i+0.05)}{(R_i+0.05)^2+\left(x_{i1}+0.145\lg\frac{D_0}{r}\right)^2}\times L\times T\times10^{-6}\quad(\text{MWh})\tag{3-88}$$

其中：$\dot{E}_1$ —— 复感应电动势，V/km，由下式计得：

$$E_1 = \text{j}\left\{0.145I_{jf}\left[a\left(\lg\frac{d_{1A}}{d_{1B}}\right)+a^2\left(\lg\frac{d_{1A}}{d_{1C}}\right)\right]\right\}\tag{3-89}$$

$$a = \text{e}^{\text{j}120°}$$

x_{i1} —— 单架空地线，每 m 架空地线感抗，$\Omega/$m。

五、变压器空载损耗计算

$$\Delta E_0 = P_0\left(\frac{U_{ave}}{U_f}\right)^2 T\quad(\text{MWh})\tag{3-90}$$

其中：p_0 —— 变压器空载损耗功率，MW；

T —— 变压器运行小时数，h；

U_f —— 变压器的分接头电压，kV；

U_{ave} —— 平均电压，kV。

在实际计算中,可以近似认为变压器运行在额定电压值附近,忽略空载损耗与电压相关部分,即

$$\Delta E_0 = p_0 T \ (\text{MWh}) \tag{3-91}$$

六、串联电抗器电能损耗

设整条线路包括两端,共有 m 个阻波器,每个额定电流为 $I_{ri}(\text{kA})$,额定损耗为 $I_{ri}(\text{MW})$,则电流 $I_{jf}(\text{kA})$ 流过 m 个阻波器流的电能损耗为:

$$\Delta E_r = \sum_{i=1}^{m} \left(\frac{I_{jf}}{I_{ri}}\right)^2 p_{ri} T = I_{jf}^2 \times \sum_{i=1}^{m} \left(\frac{1}{I_{ri}}\right)^2 p_{ri} T \tag{3-92}$$

第六节　台区损耗计算

目前,配网低压 400V 软件基本上采用的都是等值电阻法等简化算法,这种算法由于不考虑三相四线或者单相二线等线制的影响及实际中电压降对线路的影响,所以等值电阻法只能粗略地算出整个低压台区的理论线损,而对每条支路的损耗等变量难以准确地给出。基于支路电流的改进前推后代法,考虑线制和电压降对线路线损的影响,通过分析用户所在相,依据实测的用户售电量信息从末端开始对每段导线的三相损耗进行独立计算并计及零相损耗,计算精度高,结果准确,通常又称为三相不平衡法或台区全相理论计算,需要的数据见表 3-4。

表 3-4　台区三相不平衡法计算所需数据表

基础数据	台区首端	台区名称、所属线路、所属变电站
	馈线端	线径、型号、长度、线制类型
	表箱	表箱名称、接入位置
	用户	用户名称、用户资产编号、用户接入相
	用户下户线	线径、型号、长度、线制类型
运行数据	台区首端	日有功电量、无功电量、首端三相相电压平均值、首端三相24小时电流
	用户	日抄见电量

下面详细介绍三相不平衡法：

1. 动力用户电流计算公式

$$I_a = I_b = I_c = \frac{A}{3T \cdot U \cdot \cos\varphi} \tag{3-93}$$

式中，A—— 低压用户电量，kWh；

$\quad T$—— 供电时间，h；

$\quad U$—— 首端三相电压，kV；

$\quad \cos\varphi$—— 首端功率因数。

2. 单相用户电流计算公式

$$I = \frac{A}{T \times U \times \cos\varphi} \tag{3-94}$$

式中，A—— 低压用户电量，kWh；

$\quad T$—— 供电时间，h；

$\quad U$—— 首端三相电压，kV；

$\quad \cos\varphi$—— 首端功率因数。

3. 分相电流计算公式

$$I_a = \sum_{i=1}^{n} I_{a_i} \tag{3-95}$$

I_{a_i}—— 所连接导线或用户 A 相电流（A）。

$$I_b = \sum_{i=1}^{n} I_{b_i} \tag{3-96}$$

I_{b_i}—— 所连接导线或用户的 B 相电流（A）。

$$I_c = \sum_{i=1}^{n} I_{c_i} \tag{3-97}$$

I_{c_i}—— 所连接导线或用户 C 相电流（A）。

零相电流计算公式：

$$I_0 = \sqrt{I_a^2 + I_b^2 + I_c^2 - I_a I_b - I_a I_c - I_b I_c} \tag{3-98}$$

4. 电压电流前推后代计算流程

台区电压电流前推后代计算流程见图 3-17。

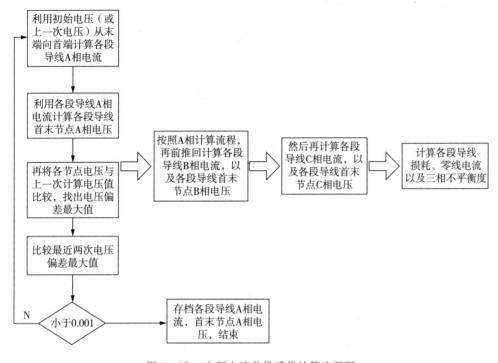

图 3-17　电压电流前推后代计算流程图

5. 电压电流迭代每相计算详细流程

（1）首先根据如上述每相电流计算基础公式，默认各节点电压一致（或上一次推算出的电压值），从末端往前端计算出每段导线的第一次电流 I_{i1}。

（2）然后根据每段导线这一次的计算电流，从首端的电压开始，计算出每段导线的电压降 ΔU_i，从而计算各段导线首末节点的电压 U_{i1}、U_{i2}。首段导线电压降为 $\Delta U_1 = I_1 \cdot R_1$，首段导线末节点电压 $U_{12} = U_{11} - \Delta U_1$，其中 U_{11} 为首段导线首节点电压。

（3）在各节点电压计算完成后，比较各节点处的最近两次电压偏差大小，找出偏差最大的节点。

（4）用该节点电压最大偏差值与收敛条件进行对比判断：

若｜电压最大偏差值｜< 10^{-3}，则跳出循环，计算下一相，或三相都计算完后，计算各段导线损耗、零线电流、三相不平衡度。

若｜电压最大偏差值｜> 10^{-3}，则重复循环第（1）步骤，直至最后两次首段导线计算电流差值小于 10^{-3}。

6. 计算实例

某台区有 6 个低压用户，台区出线为三相四线制，用户单相供电，台区拓扑计算示例见图 3 - 18。运行数据有：

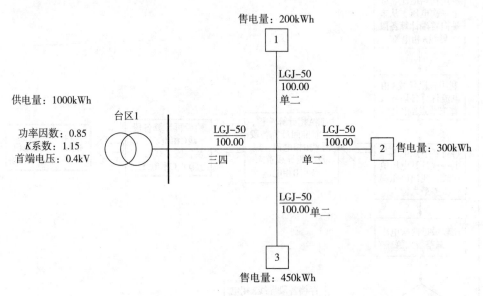

图 3 - 18　台区拓扑计算示例图

首端数据：$A_0 = 200 \text{kWh}, \cos\varphi = 0.9, K = 1.1, A_0 = 0.4 \text{kV}$。

对于用户 1，该简单网络有 3 个低压用户，线路结构为台区出线为三相四线制，用户出线为单相二线制，供电时间为 100h，数据如下：

首端数据：$A_0 = 1000 \text{kWh}, \cos\varphi = 0.85, k = 1.15, u_0 = 0.4 \text{kV}$；

末端数据：$A_1 = 200 \text{kWh}, A_2 = 300 \text{kWh}, A_3 = 450 \text{kWh}$；

线路数据：$r_0 = 0.65 \Omega/\text{km}$。

对于编号为 1 的用户来说，导线的电流通过下式可以算出：

$$I_1 = \frac{A_1}{u_1 \times \cos\varphi \times t} = \frac{200}{0.22 \times 0.85 \times 100} = 10.7(\text{A})$$

同理：

$$I_2 = \frac{A_2}{u_2 \times \cos\varphi \times t} = \frac{300}{0.22 \times 0.85 \times 100} = 16.04(\text{A})$$

$$I_3 = \frac{A_3}{u_3 \times \cos\varphi \times t} = \frac{450}{0.22 \times 0.85 \times 100} = 24.06(\text{A})$$

则台区出线电流根据前推后代法原理可得：

$$I_0 = \frac{1}{3}(I_1 + I_2 + I_3) = \frac{1}{3}(10.7 + 16.04 + 24.06) = 16.93(\text{A})$$

首端理论电流为：$I = \dfrac{P}{\sqrt{3}U\cos\varphi \times t} = \dfrac{1000}{\sqrt{3} \times 0.4 \times 0.85 \times 100} = 16.98(\text{A})$

线路上电压降为：

首端单条线路：$\Delta U_0 = I_0 \times R_0 = 16.93 \times 0.065 = 1.1(\text{V})$

1 号导线上：$\Delta U_1 = I_1 \times R_1 = 10.7 \times 0.065 = 0.6955(\text{V})$

2 号导线上：$\Delta U_2 = I_2 \times R_2 = 16.04 \times 0.065 = 1.0426(\text{V})$

3 号导线上：$\Delta U_3 = I_3 \times R_3 = 24.06 \times 0.065 = 1.56(\text{V})$

网络节点电压分布如图 3-19 所示：

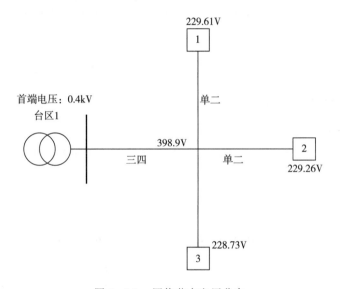

图 3-19　网络节点电压分布

将上图中末端负荷电压代入上述导线电流计算公式中，重复计算可得出新的支路电流：

$$I_1 = 10.25\text{A}；I_2 = 15.39\text{A}；I_3 = 23.15\text{A}$$

首端电流为：$I_0' = \dfrac{1}{3}(10.25 + 15.39 + 23.15) = 16.26(\text{A})$

根据上述迭代规则，判断：$\Delta I = |\,I_0' - I_0\,| = |\,16.26 - 16.9\,| = 0.64(\text{A}) < 1\text{A}$ 满足迭代收敛条件，故代入电流幅值修正量进行线损计算。

$$k = \dfrac{I}{I_0'} = \dfrac{16.98}{16.26} = 1.04$$

$$I_1' = 10.25\text{A} \times 1.04 = 10.66\text{A}；$$

$$I'_2 = 15.39A \times 1.04 = 16.01A;$$

$$I'_3 = 23.15A \times 1.04 = 24.076A;$$

$$I''_0 = 16.26A \times 1.04 = 16.91A$$

支路导线线损为：

$A_1 = N \times I'^2_1 \times K^2 \times R_1 \times t/1000 = 2 \times 10.66^2 \times 1.15^2 \times 0.065 \times 100/1000$

$= 1.954(kWh)$

$A_2 = N \times I'^2_2 \times K^2 \times R_2 \times t/1000 = 2 \times 16.01^2 \times 1.15^2 \times 0.065 \times 100/1000$

$= 4.407(kWh);$

$A_3 = N \times I'^2_3 \times K^2 \times R_3 \times t/1000 = 2 \times 24.076^2 \times 1.15^2 \times 0.065 \times 100/1000$

$= 9.966(kWh).$

首端导线损耗为：

$A'_0 = N \times I''^2_0 \times K^2 \times R_0 \times t/1000 = 3.5 \times 16.91^2 \times 1.15^2 \times 0.065 \times 100/1000$

$= 8.6(kWh).$

故线路总损耗为：

$\Delta A = A''_0 + A_1 + A_2 + A_3 = 1.95 + 4.407 + 9.966 + 8.6 = 24.933(kWh).$

此简单网络的线损率即为：

$$\Delta A\% = \frac{24.933}{1000} \times 100\% = 2.49\%$$

第七节　直流输电系统线损理论计算

高压直流输电（HVDC）系统产生电能损耗的主要元件有直流线路、接地极系统和换流站。换流站由换流变压器、换流阀、交流滤波器、平波滤波器、并联电抗器、并联电容器和站用变组成。

一、直流线路损耗计算

以图3-20两端直流输电系统为例，采用交直流混合输电系统潮流算法计算直流线路的电能损耗。

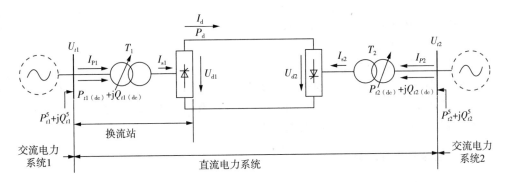

图 3-20 两端直流输电系统

通过潮流计算,可以求出交流和直流输电系统在计算时段中每个小时的各种电气量:换流站交流测母线电压 U_{t1}、U_{t2};流进换流站的电流 I_{p1}、I_{p2};流入换流变的功率 $P_{t1(dc)}+jQ_{t1(dc)}$、$P_{t2(dc)}+Q_{t2(dc)}$;直流输电线路两端电压 U_{d1}、U_{d2};直流输送功率和电流 P_d、I_d。

因此,直流线路的电能损耗为:

$$\Delta A_L = \sum_{t=1}^{T} I_{d(t)}^2 R \quad (\text{MWh}) \tag{3-99}$$

式中:$I_{d(t)}$ —— 每个小时流过直流线路的电流,kA;

R —— 直流线路的电阻,Ω;

T —— 线路运行时间,h。

在实际计算中,考虑直流线路损耗的温度补偿及电晕损失的修正方法见第五节。

二、接地极系统损耗计算

HVDC 系统一般通过接地极系统形成回路,由于接地极系统中接地极线路电阻和接地电阻存在,故不可避免地产生一定损耗。接地电阻一般在 $0.05 \sim 0.5\Omega$ 之间。为了计算方便,更易于在工程上实用化,一般不进一步计算接地电阻的大小,而是取其实测值或在 $0.05 \sim 0.5\Omega$ 之间选用一合适值进行计算。虽然谐波电流对接地极系统损耗有一定的影响,但由于流经接地极系统的电流较小,谐波损耗占接地极系统损耗比例更小,可以忽略谐波损耗,采用与直流输电线路损耗相同的计算方法来计算接地极系统损耗,其计算公式为:

$$\Delta A_D = \sum_{t=1}^{T} I_{g(t)}^2 (R_d + R_D) \quad (\text{MWh}) \tag{3-100}$$

式中：$I_{g(t)}$—— 每小时流过接地极系统的电流，kA；

R_d—— 接地极线路的电阻，Ω；

R_D—— 接地电阻，Ω；

T—— 接地极线路运行时间，h。

R_d 同样要考虑导线温升和环境温度的影响。当 HVDC 系统工作在双极方式，$I_{g(t)}$ 等于流过直流线路的电流 $I_{d(t)}$ 的 $1\% \sim 3\%$；当 HVDC 系统工作在单极大地回线方式，$I_{g(t)}$ 等于流过直流线路的电流 $I_{d(t)}$。

三、换流站损耗计算

由于换流站产生谐波，因而换流站的电能损耗计算要考虑谐波的影响，致使整流站和逆变站的损耗计算比较复杂。建议可根据具体情况，按经验值估算或根据 IEC 61803 标准对整流站和逆变站的损耗实施精确计算。

1. 根据经验值估算

根据厂家提供的资料统计，换流站的功率损耗约为换流站额定功率的 $0.5\% \sim 1\%$，或可根据运行经验调整这个功率损耗值。因此，换流站的电能损耗等于这个功率损耗估算值与运行时间之积。

2. 根据 IEC 61803 标准计算

在 IEC 61803：《Determination of Power Losses in High - Voltage Direct - Current (HVDC) Converter Stations》中，已对 HVDC 系统换流站中各元件，如换流变压器、晶闸管阀、交流滤波器、并联电容器、并联电抗器、平波电抗器等的功率损耗计算建立了详细的数学模型。本小节以一个由 6 个换流阀组成的三相 6 脉波换流站为例，主要参考 IEC 61803 中提出的模型，并根据实际情况作相应的修正，得到能量损耗的计算公式。换流站损耗主要是来源于换流变压器和换流阀的损耗，两者几乎占到换流站损耗的 80% 左右。直流换流站各元件损耗的分布情况见表 3-6 所列。

表 3-6 典型直流换流站元件功率损耗的分布情况

元 件		所占比例（%）
换流变压器	空载损耗	12 ~ 14
	负载损耗	27 ~ 39
换流阀		32 ~ 35
平波电抗器		4 ~ 6
交流滤波器		7 ~ 11
其他元件		4 ~ 9

在实际计算中,假定计算时段内每小时流通各元件的电流不变,采用正点电流值来计算谐波电流及谐波损耗,计算时段内各小时损耗累加即为元件在计算时段内的电能损耗。

(1) 换流变压器损耗计算

在额定频率状态下,换流变压器电能损耗计算方法与普通电力变压器一样。但由于换流站产生高次谐波,因此要考虑谐波对换流变压器绕组损耗的影响,其计算方法如下:

① 空载损耗

空载损耗 ΔA_0(MWh) 的计算与普通电力变压器的相同,见第五节。

② 负载损耗

考虑谐波损耗影响,其计算公式为:

$$\Delta A_T = \sum_{t=1}^{T} \sum_{n=1}^{49} I_{tn}^2 R_n \quad \text{(MWh)} \tag{3-101}$$

式中:T —— 换流变压器运行时间,h;

$\quad n$ —— 谐波次数,$n = 6k \pm 1, k = 1, 2, 3, \cdots$;

$\quad I_{tn}$ —— 各正点电流第 n 次谐波电流有效值,kA;

$\quad R_n$ —— 第 n 次谐波有效电阻,Ω;

$\quad R_n$ —— 通过实测方法得到或根据下面公式得到:

$$R_n = k_n R_1 \tag{3-102}$$

式中:k_n —— 电阻系数,其值见表 3-7;

$\quad R_1$ —— 工频下换流变压器的有效电阻,Ω;可依式(3-102)求得:

$$R_1 = \frac{P_L}{I^2} \tag{3-103}$$

式中:P_L —— 在电流 I(kA)下测量的单相负荷损耗,MW。

表 3-7　各次谐波 k_n 值表

谐波次数	电阻系数(k)	谐波次数	电阻系数(k)
1	1.00	25	52.90
3	2.29	29	69.00
5	4.24	31	77.10
7	5.65	35	92.40
11	13.00	37	101.00

（续表）

谐波次数	电阻系数(k)	谐波次数	电阻系数(k)
13	16.50	41	121.00
17	26.60	43	133.00
19	33.80	47	159.00
23	46.40	49	174.00

因此,换流变压器的总损耗为:

$$\Delta A = \Delta A_0 + \Delta A_T \qquad (3-104)$$

(2) 换流阀损耗计算

换流阀的损耗由阀导通损耗、阻尼回路损耗和其他损耗(如电抗器损耗、直流均压回路损耗等)组成。其中,阀导通和阻尼回路损耗占全部损耗的 85% ～ 95%。由于其他损耗占的比例很小,在实际计算中,一般只考虑阀导通和阻尼回路损耗。

① 阀导通损耗功率

阀导通损耗为阀导通电流与相应的理想通态电压的乘积。

$$P_{T1} = \frac{N_i I_d}{3} \left[U_0 + R_0 I_d \left(\frac{2\pi - \mu}{2\pi} \right) \right] \quad (\text{MW}) \qquad (3-105)$$

式中:N_i—— 每个阀晶闸管的数目;

$\quad$ U_0—— 晶闸管的门槛电压,kV;

$\quad$ R_0—— 晶闸管通态电阻的平均值,Ω;

$\quad$ I_d—— 通过换流桥直流电流有效值,kA;

$\quad$ μ—— 换流器的换相角,rad。

② 阻尼损耗功率(电容器充放电损耗)

阻尼损耗是阀电容存储的能量随阀阻断电压的级变而产生的,其计算公式为:

$$P_{T2} = \frac{U_{v0}^2 f C_{HF} (7 + 6m^2)}{4} \left[\sin^2 \alpha + \sin^2 (\alpha + u) \right] \quad (\text{MW}) \qquad (3-106)$$

式中:C_{HF}—— 阀阻尼电容有效值加上阀两端间的全部有效杂散电容,F;

$\quad$ f —— 交流系统频率,Hz;

$\quad$ U_{v0}—— 变压器阀侧空载线电压有效值,kV;

$\quad$ m—— 电磁耦合系数;

$\quad$ α—— 换流阀的触发角,rad;

$\quad$ u—— 换流阀的换相角,rad。

因此,换流阀在运行时间 T 内的电能损耗为:

$$\Delta A = \sum_{t=1}^{T} (P_{T1} + P_{T2}) \quad (\text{MWh}) \qquad (3-107)$$

(3)交流滤波器损耗计算

交流滤波器由滤波电容器、滤波电抗器和滤波电阻器组成。交流滤波器的损耗是组成它的设备损耗之和。在求滤波器损耗时,一般假定交流系统开路,所有谐波电流都流入滤波器的情况。具体计算方法如下:

① 滤波电容器损耗

滤波电容损耗计算原理和并联电容器基本相同,由于电容器的功率因数很低,谐波电流引起的损耗很小,可忽略不计,因此工频损耗来计算滤波电容器的损耗。

$$\Delta A_c = P_{F1} \times S \times T \quad (\text{MWh}) \qquad (3-108)$$

式中:T —— 交流滤波器的运行时间,h;

$\quad P_{F1}$ —— 电容器的平均损耗功率,MW/Mvar;

$\quad S$ —— 工频下电容器的三相额定容量,Mvar。

② 滤波电抗器损耗

一般情况下,滤波电抗器损耗应考虑工频电流损耗和谐波电流损耗的影响,可采用下式计算:

$$\Delta A_R = \sum_{t=1}^{T} \sum_{n=1}^{49} \frac{(I_{Ln})^2 X_{Ln}}{Q_n} \quad (\text{MWh}) \qquad (3-109)$$

式中:T—— 交流滤波器的运行时间,h;

$\quad n$ —— 谐波次数,$n = 6k \pm 1$,$k = 1, 2, 3, \cdots$;

$\quad I_{Ln}$ —— 流经电抗器各正点电流第 n 谐波的电流有效值,kA;

$\quad X_{Ln}$ —— 电抗器的 n 次谐波电抗,$X_{Ln} = n X_{L1}$,Ω;

$\quad Q_n$ —— 电抗器在第 n 次谐波下的平均品质因数。

③ 滤波电阻器损耗

计算滤波电阻器的损耗时,应同时考虑工频电流和谐波电流,其计算公式为:

$$\Delta A_r = I_R^2 R T \quad (\text{MWh}) \qquad (3-110)$$

式中,T —— 交流滤波器的运行时间,h;

$\quad R$—— 滤波电阻值,Ω;

$\quad I_R$—— 通过滤波电阻电流的有效值,kA。

因此,交流滤波器的电能损耗为:

$$\Delta A = (\Delta A_c + \Delta A_R + \Delta A_r) \quad (\text{MWh}) \tag{3-111}$$

(4) 平波电抗器损耗计算

流经平波电抗器的电流是叠加有谐波分量的直流电流,故而平波电抗器电能损耗包括直流损耗和谐波损耗,如采用带铁芯的油渗式电抗器时还有磁滞损耗,不过磁滞损耗只占极少一部分,在实际计算中,可忽略磁滞损耗。平波电抗器损耗的具体计算公式为:

$$\Delta A_R = \sum_{t=1}^{T} \sum_{n=1}^{49} I_{tn}^2 R_n \quad (\text{MWh}) \tag{3-112}$$

式中,T—— 平波电抗器的运行时间,h;

n—— 谐波次数,$n = 6k$,$k = 1,2,3\cdots$;

I_{tn}—— 各正点电流第 n 次谐波电流有效值,kA;

R_n——n 次谐波电阻,Ω。

(5) 直流滤波器损耗计算

直流滤波器的损耗和交流滤波器一样,包括滤波电容器损耗、滤波电抗器损耗和滤波电阻器损耗三部分。除滤波电容器损耗外,滤波电抗器和滤波电阻器损耗的计算方法与交流滤波器相关计算方法相同。

直流滤波电容器损耗包括直流均压电阻损耗和谐波损耗,谐波损耗一般忽略不算,只计算电阻损耗,具体计算公式如下:

$$\Delta A_{dc} = \frac{(E_R)^2}{R_c} T \quad (\text{MWh}) \tag{3-113}$$

式中:T —— 直流滤波器的运行时间,h;

E_R—— 电容器组的额定电压,kV;

R_c—— 电容器组的总电阻,Ω。

滤波电抗和滤波电阻损耗见交流滤波器相关计算,故直流滤波器的电能损耗为:

$$\Delta A = (\Delta A_{dc} + \Delta A_R + \Delta A_r) \quad (\text{MWh}) \tag{3-114}$$

(6) 并联电容器损耗计算

由于电容器的功率因数很低,谐波损耗对并联电容器总损耗影响很小,通常忽略不计,因此只按工频损耗来计算其损耗。

$$\Delta A_{px} = P_{px} \times S \times T \quad (\text{MWh}) \qquad (3-115)$$

式中：T —— 并联电容器的运行时间，h；

P_{px} —— 并联电容器的损耗，MW/Mvar；

S —— 并联电容器额定容量，Mvar。

(7) 并联电抗器损耗计算

并联电抗器的主要作用是在换流站轻载时吸收交流滤波器发出的过剩容性无功，故其损耗计算可根据出厂试验值按标准环境条件下进行计算。

(8) 站用变消耗电能计算

如果装有电能表，则为抄见电量；否则，按 50% 的站用变容量与计算时段之积计算。

第八节　其他损耗计算（站用电）

35kV 及以上电网站用电量损失按实测电量进行计算，其中缺少抄见电量的 110kV 变电站，推荐按 1.5 万 kWh/（月·站）统一计算，35kV 变电站按 0.2 万 kWh/（月·站）统一计算。

第九节　计算结果分析与应用

一、电网结构和运行方式对理论线损影响

合理的电网结构和运行方式是降低电网损耗的重要因素，优秀的网架设计能够合理地分配供电区域的负荷，同时结合电网运行方式调整，能够让更多的线路运行在经济电流下，从而将理论线损降到最低。

案例：某供电公司电网结构和运行方式优化。

某供电公司 2015 年 8 月 3 日大负荷理论线损计算时，电网结构与运行方式较上年度有较大变化。新投两座 220kV 变电站、4 座 110kV 变电站负荷转移至新投运的两座 220kV 变电站。5 座 110kV 变电站负荷转移，主供线路的变更，线路长度均有所缩短。部分变电站改变了运行方式，3 座变电站由 2 台主变分列运行调整为 1 台主变并列运行，变压器运行较为经济，计算结果见表 3-8、表 3-9。

表 3-8 110kV 电网代表日计算结果

	供电量（MWh）	损失电量（MWh）						线损率（%）
		线路	变压器		站用电量	其他	合计	
			铜损	铁损				
本次代表日	12435.37	37.32	21.18	22.97	6.24	0.00	87.70	0.71
上次代表日	12079.79	56.35	24.81	22.36	6.16	0	109.68	0.91
同比变化量	355.58	-19.03	-3.63	0.61	0.08	0	-21.98	-0.2
同比百分数	2.94	-33.77	-14.63	2.73	1.30	/	-20.04	/

表 3-9 35kV 电网代表日计算结果

	供电量（MWh）	损失电量（MWh）						线损率（%）
		线路	变压器		站用电量	其他	合计	
			铜损	铁损				
本次代表日	9013.16	11.02	3.60	4.17	1.18	0.00	19.97	0.22
上次代表日	9330.13	19.47	3.66	3.82	1.09	0.00	28.04	0.30
同比变化量	-316.97	-8.45	-0.06	0.35	0.09	0.00	-8.07	-0.08
同比百分数	-3.40	-43.40	-1.64	9.16	8.26	/	-28.78	/

从上述案例中可以清楚看出,某公司110kV电网和35kV电网经结构与运行方式优化后,线损较上年度有了明显下降。

二、线路损失对理论线损影响

线路损耗是配电网理论线损计算工作研究的重点之一,因不同导线的能效特性不同,不同的线路根据所带负荷、供电距离的不同需选择不同型号的导线。

以110kVJL/GIA-400钢芯铝绞线为例,其损耗率的负荷、距离特性见表3-10。

表 3-10 导线损耗率的负荷、距离特性表

P (MW)	输送距离										
	2	5	8	10	15	20	25	30	35	40	50
5	0.008	0.019	0.031	0.039	0.058	0.077	0.097	0.116	0.14	0.15	0.19
10	0.015	0.039	0.062	0.077	0.116	0.155	0.193	0.232	0.27	0.31	0.39
15	0.023	0.058	0.093	0.116	0.174	0.232	0.290	0.348	0.41	0.46	0.58
20	0.031	0.077	0.124	0.155	0.232	0.310	0.387	0.464	0.54	0.62	0.77

（续表）

P (MW)	输送距离										
	2	5	8	10	15	20	25	30	35	40	50
25	0.039	0.097	0.155	0.193	0.290	0.387	0.484	0.580	0.68	0.77	0.97
30	0.046	0.116	0.186	0.232	0.348	0.464	0.580	0.696	0.81	0.93	1.16
35	0.054	0.135	0.217	0.271	0.406	0.542	0.677	0.812	0.95	1.08	1.35
40	0.062	0.155	0.248	0.310	0.464	0.619	0.774	0.929	1.08	1.24	1.55
45	0.070	0.174	0.279	0.348	0.522	0.696	0.871	1.045	1.22	1.39	1.74
50	0.077	0.193	0.310	0.387	0.580	0.774	0.967	1.161	1.35	1.55	1.93
55	0.085	0.213	0.340	0.426	0.638	0.851	1.064	1.277	1.49	1.70	2.13
60	0.093	0.232	0.371	0.464	0.696	0.929	1.161	1.393	1.62	1.86	2.23
65	0.101	0.251	0.402	0.503	0.754	1.006	1.257	1.509	1.76	2.01	2.51
70	0.108	0.271	0.433	0.542	0.812	1.083	1.354	1.625	1.90	2.17	2.71
75	0.116	0.290	0.464	0.580	0.871	1.161	1.451	1.741	2.03	2.32	2.90
80	0.124	0.310	0.495	0.619	0.929	1.238	1.548	1.857	2.17	2.48	3.10
85	0.132	0.329	0.526	0.658	0.987	1.315	1.644	1.973	2.30	2.63	3.29
90	0.139	0.348	0.557	0.696	1.045	1.393	1.741	2.089	2.44	2.79	3.48
95	0.147	0.368	0.588	0.735	1.103	1.470	1.838	2.205	2.57	2.94	3.68

由表可见,110kV 导线 JL/GIA-400 线路损耗随着负荷、距离变化的特点如下:

(1) 在输送功率为 30MW 及以下、线路损耗率小于 0.5% 的上部区域,可以称其为线路轻载区,此时导线处于轻载运行下的低损耗状态。

(2) 在输送距离小于 15km 及以下,线路损耗率小于 0.5% 的左部区域,可以称为线路最佳经济运行区,此时导线处于最佳经济负载与短距离输送状态下的低损耗状态。

(3) 在输送距离大于 15km 及以上、线路损耗率大于 1% 的右下部区域,可以称为线路不良运行区,此时导线处于高负载、长距离输送状态下的高损耗状态。

(4) 在输送距离大于等于 8km 及以上、线路损耗率介于 0.503% ～ 0.99% 之间的表格中部区域,可以称为一般能效运行区,此时导线处于较高负载或较长距离输送状态下的一般损耗状态。

由上可知,在确定线路距离和负荷的情况下,选择正确的导线型号,尽量让线路运行在经济的能效区内,是降低线路损耗的重要举措。

三、变压器损失对理论线损的影响

配电变压器损耗分为铜损与铁损,当铜铁损比接近 1∶1 时,配电变压器处于最经济的运行状态,而铁损与变压器型号、容量大小有直接联系,如负载率与变压器不匹配,将使变压器处于轻载或重载的非经济运行状态。下面以节能型配电变压器(能效等级 2 级)的能效特性为例加以分析。

10kV 不同容量 2 级能效配电变压器的损耗率特性见表 3 - 11 所列。

表 3 - 11　10kV 不同容量 2 级能效配电变压器的损耗率特性表

负载系数(β)	损耗率(%)				
	50kVA	100kVA	200kVA	315kVA	400kVA
0.05	4.320	3.254	2.610	2.344	2.225
0.10	2.312	1.758	1.419	1.273	1.206
0.15	1.709	1.317	1.072	0.961	0.908
0.20	1.459	1.140	0.936	0.838	0.790
0.25	1.349	1.069	0.885	0.792	0.745
0.30	1.309	1.051	0.876	0.783	0.735
0.35	1.310	1.062	0.891	0.796	0.746
0.40	1.336	1.093	0.921	0.823	0.770
0.45	1.378	1.136	0.961	0.859	0.802
0.50	1.432	1.188	1.009	0.901	0.841
0.55	1.495	1.246	1.061	0.948	0.884
0.60	1.564	1.309	1.117	0.998	0.930
0.65	1.638	1.376	1.177	1.050	0.978
0.70	1.716	1.446	1.238	1.105	1.029
0.75	1.797	1.518	1.302	1.162	1.081
0.80	1.880	1.592	1.367	1.219	1.135
0.85	1.966	1.667	1.433	1.278	1.189
0.90	2.053	1.744	1.500	1.338	1.244
0.95	2.142	1.822	1.568	1.399	1.301

（续表）

负载系数(β)	损耗率(%)				
	50kVA	100kVA	200kVA	315kVA	400kVA
1.00	2.232	1.901	1.637	1.460	1.357
1.05	2.323	1.980	1.707	1.522	1.415
1.10	2.415	2.061	1.777	1.585	1.473
1.15	2.508	2.142	1.847	1.647	1.531
1.20	2.601	2.223	1.918	1.711	1.589

从表 3-11 中可以看出，随着配电变压器容量增大，其损耗率小于 1.5% 的区间越来越大。

从表中可见，随着配电变压器容量的增大，其损耗率越来越低，并且低损耗率区间越来越宽。因此，准确掌握配电变压器最小负载对于合理选择 10kV 配电变压器容量具有重大的节能意义。

（1）当预计配电变压器所带负载的最小视在功率大于 20kVA 时，选用 100kVA 的配电变压器损耗率最低，能效最高。

（2）当预计负载的最小视在功率大于 30kVA 时，选用 200kVA 的配电变压器损耗率最低，能效最高。

（3）当预计负载的最小视在功率大于 60kVA 时，选用 315kVA 的配电变压器损耗率最低，能效最高。

（4）变压器最佳损耗率范围是小于 1.3%。

四、重损元件指标及治理方案

1. 重损线路改造及治理

案例：10kV A 线主干线及支线改造

（1）线路损耗情况

原 10kV A 线及支线原主干线线路型号为 JKLGYJ-120，支线线径为 JKLGYJ-70，由于该线路负荷较大，造成线路主干线长期非经济运行，支线存在"卡脖子"情况，参照理论线损计算结果，改造前导线损耗占线路总损耗的 17%。

（2）治理方案

针对上述情况，将 10kV A 线主干线导线型号更换为 JKLGYJ-240，支线导线型号更换为 JKLGYJ-150，再次进行理论线损计算后，导线损耗占线损总损耗的比例降为 8.7%，导线损耗值同比降低了 48.5%。

2. 重损变压器改造及治理

案例: A 台区增容改造

(1) 变压器损耗情况

A 台区原变压器型号为 S11-200kVA,该台区所带负荷较大,高温大负荷时负载率高达 85%。经理论线损计算,夏季大负荷日台区铜铁损比 4.85,日损耗电量 49.89kWh。

(2) 治理方案

为解决变压器负载率较高造成的变压器高损,通过增容改造将变压器更换为 S13-400kVA,再次进行理论线损计算,铜铁损比降为 1.45,日损耗降为 27.70kWh,日损耗绝对值降低 22.19kWh,同比下降 55%,高温大负荷时更接近经济运行,同时将变压器从 S-11 型更换为 S-13 型非晶合晶变压器,使得该台区在正常负载时的损耗更低。

五、高损台区指标及治理案例

影响低压台区理论线损的技术参数主要有三相负荷电流不平衡率、线路导线选型、台区低压线路网架结构、无功补偿配置等。除三相负荷电流不平衡率指标外,其他指标与中高压电网类似。此处重点说明三相不平衡负荷电流改造后对理论线损的影响,后文对其他指标会进行详细阐述,此处不再赘述。

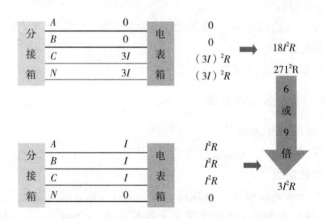

图 3-21 三相负荷电流不平衡影响对比图

由图 3-2 可知三相负荷电流在极端不平衡的情况下,零序电流值达到最大,此时线路损耗达到三相负荷电流完全平衡时的 6 倍(架空)或 9 倍(电缆线路)。

案例: 某配电台区三相负荷不平衡改造。

某配电台区配电变压器容量为 315kVA,供电半径最长 800m,该配变台区 267 户月用电量 12591kWh,没有大的动力用户,户均月用电 46.98kWh,低压线损一直

12% 左右,用钳流表测量变压器出口侧 24h 电流平均值为:

$$I_a = 9\text{A}, I_b = 15\text{A}, I_c = 35\text{A}, I_N = 21\text{A}$$

三相负荷电流不平衡率计算为:

$$I_{av} = (9 + 15 + 35)/3 = 19.67(\text{A})$$

$$K = (I_{max} - I_{av})/I_{av} = (35 - 19.67)/19.67 \times 100\% = 77.83\%$$

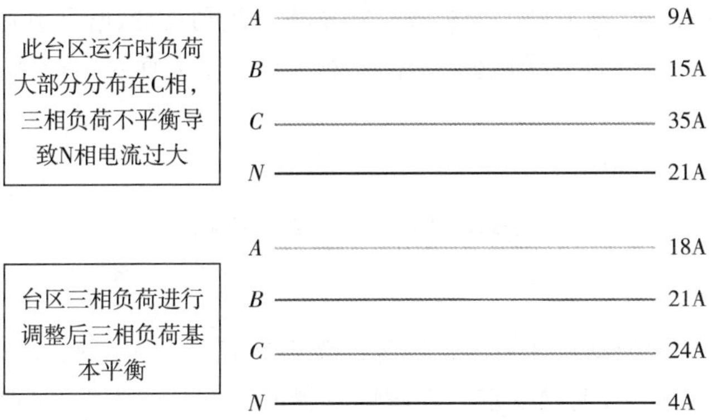

图 3-22　三相负荷电流不平衡调整前后电流对比图

由此看出该台区三相负荷不平衡度为 77.83%,超出规定范围的 15%。为此,某公司组织安排人员用两天时间对该台区三相负荷进行调整,调整后在变压器出口侧进行测量,用钳流表测量 24 小时电流平均值为:

$$I_a = 18\text{A}, I_b = 21\text{A}, I_c = 24\text{A}, I_N = 4\text{A}。$$

此时三相负荷电流不平衡率为:

$$I_{av} = (18 + 21 + 24)/3 = 21(\text{A})$$

$$K = (I_{max} - I_{av})/I_{av} = (24 - 21)/21 \times 100\% = 14.28\%$$

由上述得出配电变压器出口三相负荷电流不平衡率已经降低 15% 以下,不平衡率已达到合理范围之内。

在运行 10 天后计算线损率为 4.65%,比调整前降低了 7.35 个百分点。

第四章　　技术降损

在做好理论线损计算、线损管理及线损分析的基础上,就可以制定采取行之有效的技术措施来降低电力网电能损耗。本章将从规划设计、电网改造、节能技术应用、无功补偿配置、运行方式优化、三相平衡优化六个方面对电网降损技术措施做介绍。

第一节　　规划设计

节能降损管理的复杂性和综合性是客观存在且长期不变的,降损规划在国家有关法规、制度中已有明确规定。在举国重视节约能源的当下,采取切实措施,做好降损规划的编制、实施与监控是非常重要的一件事。

降损规划是从现状出发到达预想目标的分年度的全面安排,所以降损规划要以全网电能损耗现状的详细分析为出发点,以供电量增长预测为基础,从运行措施、工程与技术改造措施等方面逐年作出电能损耗变化预测,并与目标值比较;基本的方法是"近细远粗",逐年滚动,直至规划期终点。

通常情况下,降损规划是在电网中长期规划确定了供电量增长过程后,着重从线损率自然值与目标值比较来评估降损节能预期值,从而为全面安排电网建设与工程改造项目,预计工程效益提供基础条件。

节能降耗主要考虑以下几个方面:优化输变电、供电系统网络及调度;简化电压等级,缩短低压供电距离;更换高损耗变压器,线路改换节能金具,合理配置无功补偿装置。由此可见,降损规划既要制定调度运行措施降低主网损耗,又要实施工程建设实现网络结构优化,采取更换高损耗变压器、增加无功补偿装置等技术措施,降低中低压电网的空载损耗和负载损耗。

年度线损理论计算分析的主要内容之一是提出重大线损工程项目的建议,这就为降损规划时确定降损工程项目提供了可能。项目选择的排序原则一般应以单位投资综合效益最佳为优先,另一个原则是优先考虑不增加变电所和线路走廊占地的扩建、改造项目。

目前各电网经营企业都按有关规定要求,每年至少进行一次全网线损理论计算,这就为降损规划的编制、实施与监控提供了极为有利的条件。由于电力系统信息化的快速发展,节能降损的效果已经可以从计算确认逐步过渡到计算信息确认,这表明降损规划实施与监控的基础条件已经具备。

如在现行节能降耗有关法则和制度中进一步明确每隔一定时段(如5年)制定一次降损规划,以其为纽带,将每年一次全网线损理论计算连接起来。这样的制度设计并未增加多大工作量,却为提高线损理论计算的水平、加快节能降耗步伐起到明显的推动作用。

规划的要点:以负荷(需求)为导向,从负载侧向电源侧进行规划设计。逐级负荷的集中点,就是台区、变电站的最佳布点。35kV及以上输电网规划设计如下:

(1)500kV及以上电网:全省潮流优化;合理安排开停机方式;合理安排厂网检修方式;无电网原因造成的受阻现象。

(2)220kV电网:变电站在规划时就尽可能深入负荷中心,在负荷密度高的地区低压侧10kV线路就近供电;低密度地区低压则采用35kV变电站布点供电,在配网合理供电半径内减少变压层级。

(3)110kV电网:变电站布点在负荷中心,且完全落实好终期所有配电线路出线通道。配电网决定110kV变电站落点。

(4)35kV电网:主要解决农网布点问题,减少10kV供电半径。

而配电网规划设计的合理性不仅决定了其运行的稳定性与可靠性,也极大地影响着电网运行能效性与经济性。主要包含:

1. 把电源引入负荷中心

电源(包括变电站、配电所或公用配电变压器)布点是规划设计重要的前沿工作,电源的布置方式不同,其电能损耗和电压损失会有很大的差异。因此,在进行配电网的规划设计时,应遵照国家及电力行业颁布的有关规定,电源尽量布置在负荷中心,对负荷密度高且供电范围大的重负荷区,优先考虑两点或多点布置,这样不但有显著地降损节能效益,也可以有效地改善电压质量。

在配电网发展过程中,电网结构总是由弱联系向强联系发展,由单回线向多回线发展,由辐射向有环和多环发展,由较低电压向更高一级电压发展。在发展过程中优化电源分布对加强与改善电网结构、保障电网安全经济运行具有重要意义。比如在长距离多回线路中间实行分段,中间设置变电站,则任何线段停运引起全线阻抗的增加将大为减少,从而极大地改善系统的稳定性,提高配电容量;将高压电源引入城市负荷中心并形成内环网,有助于缩短配电半径、提高线路联络能力,大大降低线损。

由于负荷分布的不均衡性,因此在确定负荷中心时需要注意不要把地理位置中心作为负荷中心,应该按照负荷矩(输送负荷功率与供电距离乘积)来求得负荷中心。

2. 避免电源单侧供电方式

把电源引入负荷中心固然重要,然而电源供出方式的不同对配电网线损也有重大影响。只有构建合理的配网运行方式,才能真正实现降损节能。下面对几种典型的电源供出方式对线损的影响进行简要比较分析。

(1)电源一端以一个回路向单侧供电的配电路:此时,

$$\Delta P_1 = 3I^2 R \tag{4-1}$$

该供电方式属于配电线路末端集中负荷分布形式,当线路均衡分布负荷时,其损耗为集中负荷方式时损耗的1/3。

(2)电源在负荷中心以两个分路向两侧供电的配电线路,此时:

$$\Delta P_2 = 3 \times 2(I/2)^2 R/2 = 3I^2 R/4 \tag{4-2}$$

(3)电源在负荷中心以三个分路向三个方向供电的配电线路,此时:

$$\Delta P_3 = 3 \times 3(I/3)^2 R/3 = 3I^2 R/9 \tag{4-3}$$

(4)电源从两端向负荷中心供电(相当于构建手拉手供电方式),此时:

$$\Delta P_4 = 2 \times 3(I/2)^2 R/2 = 3I^2 R/4 \tag{4-4}$$

通过上述公式(4-1)~式(4-4)的分析比较,可以得出如下结论:

(1)电源在一端向单侧方向负荷供电,其功率损耗最大。

(2)电源在负荷中心向两侧供电方式,其功率损耗为单侧供电时的1/4。

(3)电源在负荷中心向周围三个方向供电方式,其功率损耗为单侧供电时的1/9。

(4)同样的线路和负荷,由两个电源分别向负荷中心供电,其功率损耗为单侧供电时1/4。

由此可见,无论是变电站还是配电变压器台架(或箱式变电站),尽可能将其分布在负荷中心向多方向均衡供电,对于降低功率损耗会产生巨大效果。在中低压线路总长度相等、导线截面积相同时,电源布点越多、线路分段供电方式越多,整体线损就越少。手拉手供电方式的线损率小于单电源供电方式。因此应尽量避免选用向单侧供电的运行方式。

3. 构建合理的配电网结构

中压配电网的建设原则应依据高压变电站的位置和负荷分布分成若干相对独立的分区。应有较强的适应性,主干线及其导线截面积按长远规划选型一次建成并符合高能效线路长度以及导线截面积的标准要求。在负荷发展不能满足需要时,可增加新的馈入点或插入新的变电所,其结构保持不变。在中压电网中增加电源点和加大导线截面积不仅可以减少线损,还能提高输送能力。

按照经济合理的方式,合理地划分供电区域,尽量以最近的电气距离供电,避免交叉或跨供电区域供电,应力求杜绝近电远送或迂回供电。

从降压变电所引出的中压线路,一般每条配电线线路分为 2 ～ 3 段,城市线路要具有与另外配电线路的联络功能,采用两端变电站向负荷中心供电方式,确保足够的互带能力。

第二节　电网改造(10kV 分断点、线径扩容、主变增容)

电网改造属于降损技术措施的建设措施,建设措施是指要投资花钱来改进系统结构的措施。主要包括:加强电网结构的合理性;电力网升压改造;增加并列线路运行(加装复导线或架设第二回线路);更换导线;环网开环运行;改进不正确的接线方式(迂回、卡脖、配变不在负荷中心、低压台区改造);增设无功补偿装置;采用低损耗和有载调压变压器,逐步更新高损耗变压器。

以下分别对电力网升压改造、增加并列线路运行、更换导线、采用低损耗和有载调压变压器、逐步更新高损耗变压器来降低线损进行介绍。

一、电力网升压改造

对电力网进行升压改造,是在较短的时间内提高供电能力降低线损的一项有效措施。电力网升压改造适用于:用电负荷增长造成线路输送容量不够或线损大幅度上升,达到明显不经济,以及简化电压等级、淘汰非标准电压两种情况。

当输送负荷不变时,电网升压改造后的降损节电效果如下计算。

电网升压后降低负载损耗的百分率为:

$$\Delta P\% = \left(1 - \frac{U_{N1}^2}{U_{N2}^2}\right) \times 100 \qquad (4-5)$$

其中:U_{N1}——电网升压前的额定电压,kV;

$\quad U_{N2}$——电网升压后的额定电压,kV。

电网升压后降损节电量为:

$$\Delta(\Delta A) = \Delta A \times \Delta P\% = \Delta A \times \left(1 - \frac{U_{N1}^2}{U_{N2}^2}\right) \qquad (4-6)$$

其中:U_{N1}——电网升压前的额定电压,kV;

U_{N2}—— 电网升压后的额定电压,kV;

ΔA—— 电网升压前的线路损耗电量,kWh。

二、增加并列线路运行及更换导线

增加并列线路运行可以起到分流和降损的目的。增加并列运行线路指由同一电源至同一受电点增加一条或几条线路并列运行。

(1)增加等截面、等距离线路并列运行后的降损节电量计算为:

$$\Delta(\Delta A) = \Delta A\left(1 - \frac{1}{N}\right) \tag{4-7}$$

其中:ΔA—— 原来一回线路运行时的损耗电量,kWh;

N—— 并列运行线路的回路数。

(2)在原导线上增加一条不等截面导线后的降损节电量计算为:

$$\Delta(\Delta A) = \Delta A\left(1 - \frac{R_2}{R_1 + R_2}\right) \tag{4-8}$$

其中:ΔA—— 改造前线路的损耗电量,kWh;

R_1—— 原线路的导线电阻,Ω。

R_2—— 增加线路的导线电阻,Ω;

(3)增大导线截面或改变线路迂回供电的降损节电量计算为:

$$\Delta(\Delta A) = \Delta A\left(1 - \frac{R_2}{R_1}\right) \tag{4-9}$$

其中:ΔA—— 改造前线路的损耗电量,kWh;

R_1—— 线路改造前的导线电阻,Ω;

R_2—— 线路改造后的导线电阻,Ω,对有分支的线路则以等值电阻代替。

在实际的配网线路改造中,主要有以下改造方案:

(1)改造"卡脖子"线段

线路"卡脖子"线段的形成主要有以下原因:一是电源的重新布点,原线路的末端变成首段;二是线路的负荷增大,尤其是增加了大用户,造成部分线路"卡脖子";三是原来线路建设标准低,与后续发展的高标准线路不匹配。

对于"卡脖子"线列入技改计划,即可保证线路配出容量,又可以降损节能。改造"卡脖子"线段的标准是使新线路导线截面积在最大负荷时,其电流密度不大于$1 \sim 1.5\text{A/mm}^2$。

(2)全线扩容改造

针对整条线路长度及导线截面积不达标的配电线路,一方面可以增建线路回路或切改线路分段来均衡线路负荷;另一方面更换大截面积导线或改变线路迂回供电方式以减小网络中的等值电阻。由欧姆定理可知,导线的电阻与其截面积成反比,因而导线的电阻随其截面积的增大而减小。

三、采用低损耗变压器,逐步更新高损耗变压器

1. 淘汰高损耗配电变压器

以 100kVA 容量的配电变压器为例,相关实验分析表明,当负荷为 20% ～ 100% 时,"86"标准的配电变压器比"64"标准的配电变压器损耗率降低 2.66 ～ 1.01 个百分点,比"73"标准的配电变压器损耗率降低 1.94 ～ 0.7 个百分点,降损效果显著。因此要根据部颁规定淘汰"64""73"标准的高损耗变压器。

2. 加装低压电容器

对于功率因数较低的配电变压器宜在低压网加装低压电容器,其作用除提高功率因数降低配电变压器损耗外,还有提高负载端的电压、增加供电能力、降低电能损耗的作用,是一项投入少、产出高的降损措施。

3. 合理配置配电变压器容量

根据日负载曲线选择配电变压器最佳容量,提高配电变压器负载率。配电变压器的空载损耗、负载损耗以及其负载的大小决定了其损耗率的高低。从配电变压器的能效标准以及其能效特性可以看出,即使所选配电变压器满足国家标准规定的节能标准,如果容量选择不当,同样存在高损耗率的问题,因此科学合理地选择配电变压器的型号和容量是决定其运行高效的关键。

第三节　节能技术应用

一、线路

1. 传统铝绞线及其导电率

在我国架空电力线路的导线选型中,应用最广泛的是钢芯铝绞线(Aluminnum Conductor Steel Reinforced,ACSR),主要原因是钢芯铝绞线线股均为圆形截面、容易制造,且具有稳定的机械、电气性能,施工、运维方便,能够较好地适应我国大部分地区的条件和环境。但这类导线中起承力作用的钢芯是铁磁材料,相对密度大,电阻率低,基本不输送电流,容易产生磁滞损耗和涡流损耗。

当然,传统铝绞线(如钢芯铝绞线)的导电率一直维持在 61%IACS,其主要原因是该类导线制造原料采用了牌号为 AL99.70% 的电工铝锭,并以普通熔炼、轧

制工艺生产而成。事实上,铝的导电率除了与铝的状态(硬态、软态)有关外,还与铝的纯度有关。根据相关研究,高纯铝的极限导电率约为 64%IACS。但是,若采用 99.99% 的高纯铝锭制造架空铝导线,不仅原材料满足不了当前线材的市场需求,而且其价格、成本约是普通铝锭的 150%,缺乏商业价值。

2. 节能导线类型

输电线路损耗主要由电晕损耗和电阻损耗组成,在电晕损耗基本相同的情况下,输电损耗主要由导线的直流电阻所决定。在交流输电中,还有少量的集肤效应和铁芯引起的损耗,这一部分的损耗占输电损耗的 2% ~ 5%。因此,可以说,导线直流电阻的大小决定了输电线路损耗的多少。

节能类导线是指与普通钢芯铝绞线相比在等外径(等总截面)应用条件下,通过减小导线直流电阻,提高导线导电能力,减少输电损耗,达到节能效果。近年来,随着我国线缆制造技术的发展,出现了各式各样的新型导线,其中有很多导线在同等截面条件下,单位长度电阻低于常规钢芯铝绞线,能够达到比传统铝绞线节能的效果,人们称之为节能导线。

就目前而言,这些新型导线主要通过三种技术原理来降低电阻损耗:一是保持钢芯铝绞线的结构形式不变,通过材料和工艺手段改进提高硬铝的导电率,实现 63%IACS 的高导电硬铝,如高导电率钢芯铝绞线;二是采用具有一定强度和导电率的铝合金代替钢芯和部门乃至全部电工硬铝,在保证机械强度的同时,总的直流电阻可降低 3% 左右,且没有了钢芯的磁滞损耗和涡流损耗,如铝合金芯铝绞线、中强度铝合金绞线以及高导电率中强度铝合金绞线等;三是采用退火工艺处理的软铝代替电工硬铝,导电率可由 61%IACS 提高到 63%IACS,主要代表产品有钢芯软铝绞线、应力转移型特强钢芯软铝导线、复合芯软铝倍容量导线等。

3. 国网公司试点应用的节能导线

目前,国家电网公司提出普及推广应用的节能类导线主要包括钢芯高电导率硬铝绞线、铝合金芯铝绞线和中强度全铝合金绞线三种。

三种节能导线都具有减少输电损耗、提高导线电导率的节能特性。与普通钢芯铝绞线相比,在同样的风速条件下,承受的风荷载基本相同;覆冰过载能力均可达到 20mm 左右冰厚,可在轻、中冰区使用;由于电气性能的一致性,在海拔高度及污秽的适用范围也相同。

铝合金芯铝绞线、中强度全铝合金绞线由于单位长度质量轻,导线垂直荷载小于普通钢芯铝绞线,工程应用时可减少杆塔荷载。其中,中强度全铝合金绞线具有良好的弧垂特性,可减少杆塔的使用高度,体现出节能导线的工程应用优势。

(1) 应用效益与优势分析

应用高电导率节能硬铝导线、铝合金芯铝绞线、中强度全铝合金导线等三种新型节能导线,替代普通钢芯铝绞线具有显著效益和优势。

节能类导线与普通钢芯铝绞线相比,在总截面相等的应用条件下,可以通过减少导线直流电阻,提高导线的导电能力,减少输电损耗,对长距离特高压、超高压输电线路效果更明显。如三峡——上海 ±500kV 直流输电工程线路全长 1048.6km,输送容量 300 万 kW,若按中强度全铝合金导线替代普通导线计算,在正常功率下,如果一年的输送小时数为 4000h,则可节约电能 7.98 万 kWh/km,全线每年可节电 8372 万 kWh。锦屏——苏南 ±800kV 特高压直流输电工程线路全长 2100km,输送容量 720 万 kW。工程应用了两种普通导线,若以钢芯高电导率硬铝绞线、铝合金芯铝绞线替代,在正常功率下,全年输电 5000h 可减少电能损耗 4.54 万 kWh/km,全线共减少电能损耗 9532 万 kWh,大大提高跨区输电的经济效益。每节约 1kWh电,可减排 0.997kg 二氧化碳。若锦苏特高压直流输电工程每年多输送 9532 万 kWh 电量,就可减排二氧化碳 95034t。不仅如此,电能的大量节约,就相当于增加了一定数量的发电装机,有效缓解用电需求增长带来的环境压力。

在工程应用上,以导线长度单位计价,节能导线虽然比普通钢芯铝绞线高 5%~15%,但经试点应用以及多个工程的对比计算分析,采用节能导线每年所减少的输电损耗所带来的收益,累计可在 5~10 年内收回因采用节能导线增加的投资。在输电线路的全寿命周期内,总体效益仍然是十分可观的。

高导率电硬铝导线的优势很多,一是节能:相对于常规导线电导率,高电导率硬铝导线的电导率提高了约 3%,降低电阻损耗;二是降低杆塔投资:由于导线风荷载降低约 10%,塔重可降低约 0.5%;三是压缩走廊宽度:500kV 同塔双回路采用等截面型线时,走廊宽度可减少 0.5m;四是改善导线防振和防腐性能:因导线绞合紧密,雨水灰尘不易进入,有利于内部防腐油脂保持长期稳定;五是运行可靠性强:能相对降低电晕放电产生的噪音和线路损耗。

(2)特强钢芯软铝导线应用

导线的电阻和运行温度是制约输送能力的两大关键因素。特强钢芯软铝导线又称低弧垂软铝导线,是目前输电线路增容导线新产品,能有效提升线路的运行温度和电导率。这种导线的铝股采用"Z"或"T"形结构,铝线经过退火后,降低了线路的电阻率,其最高运行温度由 80℃ 提升至 150℃,提升近 1 倍,线路输送能力提高到 1.5 倍。导线采用特强钢芯,保证线路的强度和可靠性,同时提升导线的防震性能,延长使用寿命。

目前特强钢芯软铝导线应用的规格型号为 JLRT/EST − 400/50 − 250 及 JLRZ/EST − 400/50 − 250,导线为 22 根成型铝线绞合,加强芯为 7 根直径 2.96mm 的特高强(EST)线绞合而成,具有良好的耐热特性及较高的运行工作温度特点,输电能力是普通导线的一倍多。

(3) ACCC 节能连接线夹

ACCC 节能连接(接续)线夹,其结构主要由线夹本体、连接器、左右压接管、左右张力夹套、左右张力夹芯、左右调节螺栓组成。其特征是采用了非导磁(碳纤维)材料,外轮廓圆滑过渡,无放电设计,防电晕;连接(接续)线夹与导线相接处的曲率半径设计科学,使其表面的电位梯度低于电晕起始电位梯度;通过调节螺栓旋入张力套夹达到规定的力矩产生轴向移动使张力夹芯产生径向握力,自动完成夹紧,将张力负荷从复合芯传送到两端导线上,握力稳定、节能环保、耐热高效、抗腐蚀、安装方便。适用于 35 ~ 1000kV 的输电线路导线连接。

ACCC 节能连接(接续)线夹的关键技术及优势如下:

① 节能环保。线夹采用非导磁材料,外轮廓圆滑过渡,无放电设计,防电晕,碳纤维是非导金属材料,不同于传统钢芯铝绞线,线芯的线损为零,节能效果明显;耐腐蚀,使用寿命周期长;符合 CCEC/T15—2001《电力金具节能产品认证技术要求》。

② 握力稳定。通过调节螺栓旋入张力夹套达到规定的力矩产生轴向移动使张力夹芯产生径向握力自动完成夹紧,将张力负荷从复合芯传送到两端导线上,握力稳定。

③ 耐热高效。线夹本体采用耐热铝合金是由 EC 级铝、少量锆和其他元素组成的,具有较高的种结晶温度,所以耐热铝合金连续工作温度可达到 150 ~ 180℃,载流量可提高 1.4 ~ 1.6 倍。同时加锆对改善导线的耐软化性和耐蠕变性有显著的效果。为减少电腐蚀,ACCC 节能连接(接续)线夹的调节螺栓、张力夹套、张力夹心采用奥氏钢 1Cr18N9Ti 材料经过固溶处理,耐热可达到 180℃ 以上,提高导线的传输容量。

ACCC 线夹节能、耐用、复合芯非压接连接,方便施工,抗腐蚀,环保效果显著,是一种新型节能环保电力金具。

节能导线应满足以下几个条件,才适合在基建项目尤其是特高压线路中应用:① 导线价格与常规钢芯铝绞线持平或略高,不会造成基建投资的明显增加,且节约的电能可以在合理的时限内(如 10 年左右)补偿初期投资的增加;② 机械电气性能满足系统和环境要求,且施工和维护方便;③ 与通用设计的杆塔和金具尽可能匹配。根据上述条件,软铝类节能导线价格过高,表面易损伤,对施工和运行要求较高,且力学性能与常规导线差异较大,与通用设计匹配度低,因此应用较少。而高导电率钢芯铝绞线、铝合金绞线以及中强度铝合金绞线等三种节能导线,从全寿命周期经济性、施工和运行方便性、通用设计匹配性三个方面都有良好表现。因此,这三种节能导线在我国均已实现规模量产,并应用于多条 110 ~ 750kV 线路工程中。

二、变压器

随着我国电工用冷轧硅钢片材料技术发展,以及更加先进的非晶合金钢片及超导材料的研制应用,变压器标准在不断变化更新与进步。对于变压器应用的经济性和节能性评价标准也在不断提高。

1. 电力变压器

根据 GB 24790—2009《电力变压器能效限定值及能效等级》规定,凡是电压等级在 35～220kV、额定容量在 3150kVA 及以上的三相油浸式电力变压器,从 2010 年 7 月 1 日起其节能性评价执行其中电力变压器能效限定值、目标能效限定值和节能评价值。其中电力变压器能效限定值是指在规定测试条件下,电力变压器空载损耗和负载损耗允许的最高限值;电力变压器节能评价值是指在规定测试条件下,节能电力变压器空载损耗和负载损耗的最高值;电力变压器目标能效限定值是指在规定测试条件下,到 2014 年 7 月 1 日以后实施的电力变压器空载损耗和负载损耗允许的最高限值。

(1) 常用电力变压器能效等级评价标准

变电站常用的电力变压器能效等级评价见表 4 - 1 所列。

表 4 - 1　常用电力变压器能效等级评价表

额定容量 (kVA)	空载损耗(kW)				负载损耗(75℃)(kW)				短路阻抗 百分数
	3 级	T	2 级	1 级	3 级	T	2 级	1 级	
35kV 油浸式三相双绕组有载调压电力变压器									
5000	6.5	5.7	5.0	4.6	39.3	37.0	36.3	35.9	7.0
6300	7.9	6.9	6.0	5.6	42.2	39.7	39.0	38.6	7.5
10000	13	11.3	9.9	9.2	55.2	51.9	51.0	50.5	7.5
110kV 油浸式三相双绕组有载调压电力变压器									
31500	37.9	32.9	28.7	26.7	145.0	136.5	134.0	132.7	10.5
40000	45.3	39.3	34.3	31.9	170.1	160.1	157.1	155.6	10.5
50000	53.6	46.5	40.6	37.7	211.5	160.1	195.4	193.6	10.5
110kV 油浸式三相三绕组有载调压电力变压器									
31500	45.1	39.1	34.1	31.7	171.2	161.1	158.1	156.6	U_{k12}:10.5
40000	54.0	46.9	40.9	38.0	206.0	193.9	193.9	188.6	U_{k13}:7.5～18.5
50000	63.8	55.3	48.3	44.8	245.3	230.9	230.9	224.5	U_{k23}:6.5

(2) 常用电力变压器能效等级评价

电力变压器能效等级分为三级,其中 1 级为能效最高,损耗最低。

① 各电压等级电力变压器空载损耗和负载损耗限值均应不高于表 4 - 1 中 3 级

规定。凡是高于该限值的电力变压器均为高能耗变压器。

② 电力变压器节能评价值:电力变压器的空载损耗和负载损耗限值均应不高于表4-1中2级的规定,即凡是符合该评价值要求的电力变压器均为节能型变压器,否则为非节能型变压器。

③ 电压力变压器目标能效限定值(T):到2014年7月1日以后电力变压器的空载损耗和负载损耗允许的最高限值为表4-1中T栏的规定值。

2. 配电变压器

按照GB 20052—2006《三相配电变压器能效限定值及节能评价值》标准规定,配电变压器能效限定值(即在规定测试条件下,配电变压器空载损耗和负载损耗的标准值)和配电变压器节能评价值(即在规定测试条件下,评价节能配电变压器空载损耗和负载损耗的标准值)均应该达到表4-2或表4-3的规定,允许偏差应符合GB 1094.1—2007的规定。

(1) 油浸式配电变压器节能评价标准(见表4-2)

表4-2　油浸式配电变压器能效限定值及节能评价值

额定容量	损耗(W)		短路阻抗百分数
(kVA)	空载(P_o)	负载(P_k)(75℃)	($U_k\%$)(%)
30	100	600	4.0
50	130	870	
80	180	1250	
100	200	1500	
125	240	1800	
160	280	2200	
200	340	2600	
250	400	3050	
315	480	3650	
400	570	4300	
500	680	5150	
630	810	6200	4.5
800	980	7500	
1000	1150	10300	
1250	1360	12000	
1600	1640	14500	

（2）干式配电变压器节能评价标准（见表4-3）

表4-3 干式配电变压器能效限定值及节能评价值

额定容量（kVA）	损耗（W）				短路阻抗百分数（$U_k\%$）（%）
	空载（P_0）	负载（P_k）			
		B（100℃）	F（120℃）	H（145℃）	
30	190	670	710	760	4
50	270	940	1000	1070	
80	370	1290	1380	1480	
100	400	1480	1570	1690	
125	470	1740	1850	1980	
160	550	2000	2130	2280	
200	630	2370	2530	2710	
250	720	2590	2760	2960	
315	880	3270	3470	3730	
400	980	3750	3990	4280	
500	1160	4590	4880	5230	
630	1350	5530	5880	6290	
630	1300	5610	5960	6400	6
800	1520	6550	6960	7460	
1000	1770	7650	8130	8760	
1250	2090	9100	9690	10370	
1600	2450	11050	11730	12580	
2000	3320	13600	14450	15560	
2500	4000	16150	17170	18450	

（3）允许偏差要求与节能判断

配电变压器节能评价值，即配电变压器的空载损耗和负载损耗应符合表4-2或表4-3的规定，空载损耗和负载损耗允许偏差应在7.5%以内，总损耗允许偏差范围应在5%以内。

运行中的配电变压器空载损耗和负载损耗参数凡是低于上述标准要求的即为节能型配电变压器；否则，就属于非节能型变压器。对于非节能型变压器就应该列入技改范围，有计划地更新。

当前 S11 系列油浸式配电变压器就属于节能型变压器,而 S10 及以下系列变压器就属于高能耗变压器。

注意:对于铭牌参数与实际运行损耗参数相差较大的配电变压器,要使用变压器空、负载损耗测试仪进行实际测试,以实际测试参数进行评价。

配电变压器是电力系统的末级变压器,其损耗占全网损耗的 20% 左右,因此降低配电变压器的损耗对节能降损、提高能效、节能环保具有相当重要的意义,是今后一段时期配电网降损节能的方向。目前电力企业推广 S13 型及以上节能配电变压器、可调容配电变压器,选取 S11、S13、S14、非晶 SBH15 型变压器,进行空载损耗、负载损耗参数比较,比较结果可知:S14 和 S13 的空载损耗约比 S11 降低 30%,非晶 SBH15 的空载损耗约比 S11 降低 60%,S14 的负载损耗约比 S11 降低 15%,S13 的负载损耗与 S11 大致相同,非晶 SBH15 的负载损耗与 S11 大致相同。可以看出 S13 及以上的节能型配电变压器具有能效参数优、运行中高能效负载系数范围宽等优势,尤其是非晶合金配电变压器,几乎不受负载系数小的约束即可经济运行。

根据节能变压器选择经济性研究的有关文献,有如下结论可供参考:

(1)以 S13 以及非晶 SBH15 型变压器更换 S9、S11 型变压器的投资回收年限发现:

① 以 S13 或非晶 SBH15 型变压器更换 S9 型变压器,在任何时间段都是经济的。

② 运行 5 年及以上的 S11 配电变压器,使用非晶 SBH15 型变压器进行更换是经济的。

(2)对于典型性机械制造、食品工业、农村工业、农业灌溉、农村照明、城市生活和城市商业 7 类用电性质的用户,从节能效果来看,非晶 SBH15 和 S13 型变压器的性价比较好。

(3)对于非典型性用电性质(如某些工业负荷)的用户,若负载系数 β 和最大负载损耗小时数 τ 均较大,可选用负载损耗更低但空载损耗高于非晶 SBH15 型节能变压器。

变压器的技术经济性与售电单价、低于或高于全国平均电价(0.50 元 /kWh)的地区,应在计算变压器综合能效费用的基础上,选择合适的配电变压器类型。

随着城市居民小区和用户负荷的快速发展,供电台区选用节能型大容量变压器,科学调配供电负荷,可大大降低台区变压器损耗率,节能空间巨大。

配电变压器数量多、范围广,是供电企业节能降损的关键环节。相关人员在降损工作中合理配置新型配电变压器型号,坚持"大容量、小半径"原则,使变压器负载率时刻处于经济运行区域,必将给供电企业带来巨大经济效益,对节能降损工作做出更大贡献。

第四节 无功补偿配置

在电力网的输、变、配电设备本身,是系统中主要的无功功率消耗者,其中变压器消耗的无功功率最大;用电设备中感应电动机是最大的无功功率消耗者。供、用电设备所消耗的无功功率的合计值,约为系统有功负荷的100%～120%,因此,当系统中无功功率补偿设备不足时,导致功率因数下降,不仅无法维持供电能力,而且使电网电压降低,电能损失增加。

为了满足无功功率的需要,使电网功率因数达到规定的要求,在切实做好无功功率平衡的基础上,于电力网中适当处增设足够容量的无功补偿装置。

当电力网中某一点增加无功补偿容量后,则从该点至电源点所有串接的线路及变压器中的无功潮流都将减少,从而使该点以前串接元件中的电能损耗减少,达到了降损节电和改善电能质量的目的。

增加无功补偿有三种方案可供选择,对于需要集中补偿的可按无功经济当量来选择补偿点和补偿容量;对于用户来说可按提高功率因数的原则进行无功补偿以减少无功功率受入;对于全网来说,可根据增加无功补偿的总容量采用等网损微增率进行无功补偿。

一、根据无功经济当量进行无功补偿

(1) 无功经济当量C_P

无功经济当量是指增加每千乏无功功率所减少有功功率损耗的平均值,用C_P表示,如下:

$$C_P = \frac{\Delta P_1 - \Delta P_2}{Q_C} = \frac{2Q - Q_C}{U^2} R \times 10^{-3} \tag{4-10}$$

其中:ΔP_1——没有增加无功补偿容量的有功损耗,kW;

ΔP_2——增加无功补偿容量的有功损耗,kW;

Q_C——无功补偿容量,kvar;

Q——补偿前的无功功率,kvar。

(2) 无功补偿设备的经济当量$C_P(X)$

无功补偿设备的经济当量是该点以前潮流流经的各串接元件的无功经济当量的总和,其计算公式为:

$$C_P(X) = \sum_{i=1}^{m} C_P(i) \tag{4-11}$$

其中:$C_P(X)$ —— 补偿设备装设点(X点)的无功经济当量;

$\quad C_P(i)$ —— X点以前各串接元件的无功经济当量。

为简化计算,串接元件只考虑到上一级电压的母线,$C_P(i)$计算式为:

$$C_P(i) = \frac{2Q(i) - Q_C}{U^2(i)} R(i) \times 10^{-3} \qquad (4-12)$$

其中:$Q(i)$ —— 第i串接补偿前的无功潮流,kvar;

$\quad R(i)$ —— 第i串接元件的电阻,Ω;

$\quad U(i)$ —— 第i串接元件的运行电压,kV;

$\quad Q_C$ —— 无功补偿装置的容量,kvar。

(3)增加无功补偿后的降损节电量

增加无功补偿后的降损节电量计算式为:

$$\Delta(\Delta A) = Q_C [C_P(X) - \mathrm{tg}\delta] t \qquad (4-13)$$

其中:$\mathrm{tg}\delta$ —— 电容器的介质损;

$\quad t$ —— 无功补偿装置的投运时间,h。

(4)根据无功经济当量的概念得出以下结论

① 电网电阻愈大,需要安装的无功补偿容量愈多;

② 无功负荷愈大,安装的无功补偿容量愈多;

③ C_P愈大,补偿的容量愈多,补偿效果愈好;

④ C_P愈小,补偿效果愈差。

二、根据功率因数进行无功补偿

功率因数指有功功率与视在功率的比值,通常用$\cos\varphi$表示。

在电力网里无功功率消耗是很大的,大约有50%的无功功率消耗在输、变、配电设备上,50%消耗在电力用户。为了减少无功功率消耗,就必须减少无功功率在电网里的流动,最好的办法从用户开始增加无功补偿,提高用电负荷的功率因数,这样就可以减少发电机无功出力和减少输、变、配电设备中的无功电力消耗,从而达到降低损耗的目的。

(1)各串接元件补偿前后的功率因数计算

补偿前各串接元件负荷的功率因数$\cos\varphi_{i1}$为:

$$\cos\varphi_{i1} = \cos\left(\mathrm{arctg}\frac{Q_i}{P_i}\right) \qquad (4-14)$$

其中:P_i —— 补偿前各元件的有功功率,kW;

$\quad Q_i$ —— 补偿前各元件的无功功率,kvar。

补偿后各串接元件负荷的功率因数 $\cos \varphi_{i2}$ 为：

$$\cos \varphi_{i2} = \cos\left(\text{arctg}\,\frac{Q_i - Q_C}{P_i}\right) \tag{4-15}$$

其中：P_i—— 补偿前各元件的有功功率，kW；

　　　Q_i—— 补偿前各元件的无功功率，kvar；

　　　Q_C—— 无功补偿容量，kvar。

（2）补偿后电网中的降损节电量

$$\Delta(\Delta A) = \sum_{i=1}^{m}\left[\Delta A_i\left(1 - \frac{\cos^2 \varphi_{i1}}{\cos^2 \varphi_{i2}}\right)\right] - tQ_C\text{tg}\delta \tag{4-16}$$

其中：ΔA_i—— 各串接元件补偿前的损耗电量，kWh；

　　　$\text{tg}\delta$—— 电容器的介质损；

　　　$\cos \varphi_{i1}$、$\cos \varphi_{i2}$—— 分别为补偿前、后各串接元件负荷的功率因数；

　　　Q_C—— 无功补偿容量，kvar；

　　　t—— 无功补偿装置的投运时间，h。

（3）提高功率因数和降低有功损耗关系

当输送有功功率不变，功率因数从 $\cos\varphi_1$ 提高到 $\cos\varphi_2$，电网中各串接元件的有功功率损耗降低百分率为：

$$\Delta P\% = \left(1 - \frac{\cos^2 \varphi_1}{\cos^2 \varphi_2}\right) \times 100 \tag{4-17}$$

三、根据等网损微增率进行无功补偿

对一个电力网来说，无功补偿分配是否合理，总的电能损耗是否最小，用无功经济当量和提高功率因数的方法是难以确定的，只有根据等网损微增率的原则分配无功补偿容量才能实现。假设已知电力网各点的有功功率，那么这个网络的有功总损耗 $\Delta P_{\sum}$ 与各点的无功功率 Q 和无功补偿容量 Q_C 有关，如果不计网络无功功率损耗，只要满足下列方程式，就可以得到最佳补偿方案。

等网损微增率方程式为：

$$\left.\begin{aligned}\frac{\partial \Delta P_1}{\partial Q_{1C}} = \frac{\partial \Delta P_2}{\partial Q_{2C}} = \frac{\partial \Delta P_3}{\partial Q_{3C}} = \cdots = \frac{\partial \Delta P_n}{\partial Q_{nC}} \\ \sum_{i=1}^{n} Q_{iC} - \sum_{i=1}^{n} Q_i = 0\end{aligned}\right\} \tag{4-18}$$

其中:$\dfrac{\partial \Delta P_1}{\partial Q_{1C}}$、$\dfrac{\partial \Delta P_2}{\partial Q_{2C}}$、$\dfrac{\partial \Delta P_3}{\partial Q_{3C}}$、$\cdots$、$\dfrac{\partial \Delta P_n}{\partial Q_{nC}}$ 为通过某段线路上的功率损耗对该段线路终端无功功率补偿容量的偏微分。

安装在各点的无功补偿容量按下式计算:

$$Q_{1C} = Q_1 - \frac{(Q_\Sigma - Q_{\Sigma C}) r_e}{r_1} \qquad (4-19)$$

$$\cdots\cdots$$

$$Q_{nC} = Q_n - \frac{(Q_\Sigma - Q_{\Sigma C}) r_e}{r_n} \qquad (4-20)$$

其中:Q_1、$\cdots$、Q_n——各点的无功功率,kvar;

$\qquad Q_\Sigma$——此网络总的无功功率,kvar;

$\qquad r_1$、$\cdots$、r_n——各条线路的等值电阻,Ω;

$\qquad r_e$——装设无功补偿设备的所有各条线路的等值电阻,Ω,计算式为:

$$r_e = \cfrac{1}{\dfrac{1}{r_1} + \dfrac{1}{r_2} + \dfrac{1}{r_3} + \cdots + \dfrac{1}{r_n}} \qquad (4-21)$$

实践证明,当在电力网中安装了一定数量的无功补偿设备时,必须按照等网损微增率的原则进行合理分配,这样才能达到最佳补偿效果。

四、地区电网无功优化运行

地区电网无功电压优化运行指利用地区调度自动化的遥测、遥信、遥控、遥调功能,对地区调度中心的220kV以下变电所的无功、电压和网损进行综合性处理。无功电压优化运行的基本原则,是以地区网损最佳为目标,各结点电压合格为约束条件,集中控制变压器有载分接开关挡位调节和变电所无功补偿设备(容性和感性)投切,达到全网无功分层就地平衡、全面改善和提高电压质量,降低电能损耗的目的。

其具体实现过程较为复杂,这里不在一一讨论,请读者参阅有关无功优化的专门资料。

五、无功补偿设备

无功补偿设备,在电子供电系统中所承担的作用是提高电网的功率因数,降低供电变压器及输送线路的损耗,提高供电效率,改善供电环境。合理地选择补偿装置,可以做到最大限度地减少网络的损耗,使电网质量提高。反之,如选择或使用

不当,可能产生供电系统电压波动、谐波增大等诸多问题。在配电网中无功补偿设备通常有下列几种:

(1)同步发电机。同步发电机是电力系统中唯一的有功电源,同时也是无功的基本源。

(2)同步电动机。同步电动机功率因数可以超前运行,在工农业的生产中,凡是不要求调速的生产机械,诸如鼓风机、水泵等,在经济条件合适的情况下,应该尽量选用同步电动机拖动。

(3)异步电动机同步化。异步电动机同步化是指线绕式异步电动机,在启动至额定转速后,将转子用直流励磁,使其作为同步电动机使用,在这种运行方式下,异步电动机如同电容器一样,从电网吸收容性无功功率。

(4)电力电容器。在配电网中电力电容器是应用最为广泛的无功补偿设备,其原因是电力电容器是静止的无功补偿设备,因此其安装、运行、维护都比上述设备简单。

(6)晶闸管动态补偿器。晶闸管动态补偿器是近年来才发展起来的无功补偿装置,它以晶闸管为主要工作部件,由于其具有开关速度快、连续调节无功功率等优点,在配电网中,尤其是在低压配电网中应用比较广泛。

第五节　运行方式优化(变压器经济运行、最优潮流、线路)

经济运行属于降损技术措施的运行措施,在现有电网结构和布局下,不投资或少投资来实现降低线损的目的。

一、变压器经济运行

变压器是电力网中的重要元件,一般地说,从发电、供电一直到用电,大致需要经过 $3\sim4$ 次变压器的变压过程。变压器在传播电功率的过程中,其自身要产生有功功率和无功功率损耗,由于变压器的总台数多、总容量大,所以在发、供、用电过程中变压器总的电能损耗约占整个电力系统损耗的 $30\%\sim40\%$。因此,全面开展变压器经济运行是实现电力系统经济运行的重要环节,对节电降损也是一个重要手段。

所谓变压器的经济运行,是指变压器在运行中,它所带的负荷在通过调整之后达到某一合理值;此时,变压器的负载率达到合理值,而变压器的功率损耗率达到最低值,效率达到最高值。变压器的这一运行状态,就是经济运行状态。

1. 单台变压器的经济运行

当单台变压器负载率达到经济负载率 β_j 时,变压器经济运行。变压器经济负载率计算式为：

$$\beta_j = \sqrt{\frac{\Delta P_0 + K_Q \Delta Q_0}{\Delta P_k + K_Q \Delta Q_k}} \qquad (4-22)$$

其中：P_0——变压器空载损耗，kW；

ΔP_k——变压器短路损耗，kW；

ΔQ_k——变压器短路无功损耗，kvar；

ΔQ_0——变压器空载无功损耗，kvar；

K_Q——变压器负荷无功经济当量，一般主变 $K_Q = 0.06 \sim 0.10$ kW/kvar，配变 $K_Q = 0.08 \sim 0.13$ kW/kvar。

此时，变压器经济负载值，即变压器输出的有功功率的经济值为：

$$P_j = \beta_j P_e = S_e \cos\varphi \sqrt{\frac{\Delta P_0}{\Delta P_k}} \quad (\text{kW}) \qquad (4-23)$$

其中：β_j——变压器经济负载率。

S_e、P_e——变压器额定有功功率，kW；额定容量，kVA。

ΔP_0——变压器空载损耗，kW。

ΔP_k——变压器短路损耗，kW。

$\cos\varphi$——变压器二次侧负荷功率因数。

2. 两台变压器的经济运行

（1）两台同型号、同容量变压器的经济运行

此种情况，人为定义一个参数，称为"临界负荷"S_{Lj}，其计算公式为：

$$S_{Lj} = S_e \sqrt{\frac{2(\Delta P_0 + K_Q \Delta Q_0)}{\Delta P_k + K_Q \Delta Q_k}} \quad (\text{kVA}) \qquad (4-24)$$

其中：S_e——变压器额定容量，kVA；

K_Q——变压器负荷无功经济当量（具体取值见前述）；

P_0——变压器空载损耗，kW；

ΔP_k——变压器短路损耗，kW；

ΔQ_k——变压器短路无功损耗，kvar；

ΔQ_0——变压器空载无功损耗，kvar。

当用电负荷 S 小于临界负荷 S_{Lj} 时，投一台变压器运行，功率损耗最小，最经济。当用电负荷 S 大于临界负荷 S_{Lj} 时，将两台变压器都投入运行，功率损耗最小，最经济。

根据临界负荷投切变压器的容量，对于供电连续性要求较高的、随月份变化的综合用电负荷，不仅有重大的降损节能意义，而且也是切实可行的。但是对于一昼

夜或短时间内负荷变化较大的情况,则不宜采取这个措施。

(2)"母子变压器"的经济运行

"母子变压器"是两台容量大小不同的变压器,所以其投运方式有三种:一是小负荷用电投"子变";二是中负荷用电投"母变";三是大负荷用电"母变""子变"都投运。

类似于两台同容量运行的情况,此时定义了两个"临界负荷"参数,$S_{\text{Lj·1}}$ 和 $S_{\text{Lj·2}}$。其计算公式分别为:

$$S_{\text{Lj·1}} = S_{\text{e·m}}S_{\text{e·z}}\sqrt{\frac{\Delta P_{\text{o·m}} - \Delta P_{\text{o·z}}}{S_{\text{e·m}}^2 \Delta P_{\text{k·z}} - S_{\text{e·z}}^2 \Delta P_{\text{k·m}}}} \quad (\text{kVA}) \quad (4-25)$$

$$S_{\text{Lj·2}} = S_{\text{e·m}}\sqrt{\frac{\Delta P_{\text{o·z}}}{\Delta P_{\text{k·m}} - \dfrac{S_{\text{e·m}}^4 \Delta P_{\text{k·m}}}{(S_{\text{e·m}} + S_{\text{e·z}})} - S_{\text{e·m}}^2 S_{\text{e·z}}^2}} \quad (\text{kVA}) \quad (4-26)$$

其中:$\Delta P_{\text{o·z}}$、$\Delta P_{\text{k·z}}$——分别为子变压器的空载损耗、短路损耗,kW;

$\Delta P_{\text{o·m}}$、$\Delta P_{\text{k·m}}$——分别为母变压器的空载损耗、短路损耗,kW;

$S_{\text{e·z}}$、$S_{\text{e·m}}$——分别为子变压器、母变压器的额定容量,kVA。

当用电负荷 S 小于第一个"临界负荷"$S_{\text{Lj·1}}$ 时,将子变压器投入运行损耗最小,最经济;当用电负荷 S 大于第一个"临界负荷"$S_{\text{Lj·1}}$ 而小于第二个"临界负荷"$S_{\text{Lj·2}}$ 时,将母变压器投入运行损耗最小,最经济;当用电负荷 S 大于第二个"临界负荷"$S_{\text{Lj·2}}$ 时,将母变压器和子变压器都投入运行功率(损耗)最小,最经济。

"母子变压器"供电方式适用于对供电连续性要求较高和随月份变化的综合用电负荷,根据计算确定的临界负荷,来衡量用电负荷范围,然后确定投运变压器的容量,采取适宜的供电方式。

(3) 多台变压器的经济运行

这里所说的多台变压器,是指同型号、同容量的三台及三台以上变压器。它们的经济运行,可采用下式进行说明。

当用电负荷增大,且达到:

$$S > S_{\text{e}}\sqrt{\frac{\Delta P_0 + K_Q \Delta Q_0}{\Delta P_{\text{k}} + K_Q \Delta Q_{\text{k}}}n(n+1)} \quad (\text{kVA}) \quad (4-27)$$

时,应增加投运一台变压器,即投运($n+1$)台变压器较经济;

当用电负荷减小,且降到:

$$S > S_{\text{e}}\sqrt{\frac{\Delta P_0 + K_Q \Delta Q_0}{\Delta P_{\text{k}} + K_Q \Delta Q_{\text{k}}}n(n-1)} \quad (\text{kVA}) \quad (4-28)$$

时,应停运一台变压器,即投运($n-1$)台变压器较经济。

应当指出,对于负荷随昼夜起伏变化,或在短时间内变化较大的用电,采取上述方法降低变压器的电能损耗是不合理的,这将使变压器高压侧的开关操作次数过多而增加损坏的机会和检修的工作量;同时对变压器的使用寿命也有一定影响。

二、配电网的经济运行

所谓配电网的经济运行,是指在现有电网结构和布局下,一方面要把用电负荷组织好,调整得尽量合理,以保证线路及设备在运行时间内,所输送的负荷也尽量合理;另一方面,通过一定途径,按季节调节电网运行电压水平,也使其接近或达到合理值。

(1)配电网实现经济运行的技术条件

当以下两个条件任一实现时,配电网线路实现经济运行。

① 当线路负荷电流 I_{pj} 达到经济负荷电流 I_{jj} 时。

$$I_{jj} = \sqrt{\frac{\sum_{i=1}^{m} \Delta P_{o \cdot i}}{3K^2 R_{d \cdot \sum}}} \quad (A) \qquad (4-29)$$

其中:$\Delta P_{o \cdot i}$ —— 线路上每台变压器的空载损耗,W;

K —— 线路负荷曲线形状系数;

$R_{d \cdot \sum}$ —— 线路总等值电阻,Ω。

② 当变压器总均负载率 β 达到经济总均负载率 β_{jj} 时。

$$\beta_{jj}\% = \frac{U_e}{K \sum_{i=1}^{m} S_{e \cdot i}} \sqrt{\frac{\sum_{i=1}^{m} \Delta P_{o \cdot i}}{R_{d \cdot \sum}}} \times 100\% \qquad (4-30)$$

其中:U_e —— 线路的额定电压,kV;

$\Delta P_{o \cdot i}$ —— 线路上各台变压器的空载损耗,kW;

K —— 线路负荷曲线形状系数;

$R_{d \cdot \sum}$ —— 线路总等值电阻,Ω;

$S_{e \cdot i}$ —— 线路上各台变压器的额定容量,kVA。

当配网线路实现经济运行时,线路达到最佳线损率,其计算式为:

$$\Delta A_{zj}\% = \frac{2K \times 10^{-3}}{U_e \cos\varphi} \sqrt{R_{d \cdot \sum} \sum_{i=1}^{m} \Delta P_{o \cdot i}} \times 100\% \qquad (4-31)$$

其中:K —— 线路负荷曲线形状系数;

U_e —— 线路的额定电压,kV;

$\cos\varphi$ —— 线路负荷功率因数；

$R_{d.\sum}$ —— 线路总等值电阻，Ω；

$\Delta P_{o.i}$ —— 线路上每台变压器的空载损耗，W。

（2）合理调节配电网的运行电压

这里所指的电压调节，是指通过调整变压器分接头，在母线上投切电容器及调相机调整等手段，在保证电压质量的基础上对电压做小幅度的调整，读者注意与升高电网电压区别开来。

电力网的运行电压对电力网中元件的固定损耗和可变损耗都有影响。我们知道，可变损耗与运行电压的平方成反比，固定损耗与运行电压的平方成正比，则电网的总损耗随运行电压的变化是不确定的，要看在总损耗中是可变损耗占的比例大，还是固定损耗占的比例大。

当固定损耗比可变损耗大时，降低运行电压使电网损耗减小；当固定损耗比可变损耗小时，提高运行电压使电网损耗减小。

调压后的降损节电量为：

$$\Delta(\Delta A) = \Delta A_k\left[1 - \frac{1}{(1+a)^2}\right] - \Delta A_0 a(2+a) \qquad (4-32)$$

其中：ΔA_k —— 调压前被调压电网的负载损耗电量，kWh；

ΔA_0 —— 调压前被调压电网的空载损耗电量，kWh；

a —— 提高电压百分率，计算式为：

$$a\% = \frac{U'-U}{U} \times 100\% \qquad (4-33)$$

常用电网调压的方法有：

① 改变发电机机端电压进行调压；

② 利用变压器分接头进行调压；

③ 利用无功补偿设备调压。

（3）停用空载配电变压器

在配电网络中有些配电变压器全年负荷是不平衡的，有时负荷很重，接近满载或超载运行；有时负荷很轻，接近轻载或空载状态，如农业排灌、季节性生产等用电的配电变压器，可采取停用或采用"子母变"的措施，即排灌用配电变压器，空载运行时间约有半年的应及时停用。季节性轻载运行配电变压器，根据实际情况配置一台小容量配电变压器，即"子母变"，按负载轻重及时切换，以达到降损节电的效果。

（4）加强运行管理

加强配电变压器运行管理，及时准确掌握运行资料，如日负载曲线、功率因数、运行电压、用电量等，为制定降低配电变压器损耗提供科学依据。

第六节　三相负荷平衡优化

低压配电网在运行中要经常测量配电变压器出线端和一些主干线的三相负荷电流及中性线电流,并进行平衡三相负荷电流的工作。因为三相负荷电流不平衡,不但会影响低压网络的电压质量,而且也会增加线损。

控制线路负荷的不平衡程度并采取措施,可以减少三相负荷不平衡所造成的损耗。一般要求配电变压器出口电流的不平衡度(中心线电流与三相电流平均值之比)不大于10%,低压干线及主要支线始端的电流不平衡不大于20%。

由图4-1、图4-2可见,在负荷电流一定的情况下,单相架空线路供电损耗是理想状态下三相平衡供电损耗的6倍,电缆线路则是9倍。

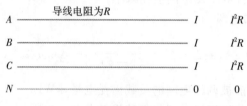

图4-1　三相四线制供电电流示意图

一、三相四线制供电

三相四线制供电,把用电负荷平均分配到三相上,则每相电流相等为 I,而零线中流过的电流为零,其功率损耗为 $3I^2R$。

二、单相二线制供电

如图4-2,假设某台区全部为单相供电,此台区在单相二线制供电时,火线和零线中同时流过电流 $3I$,若是架空线路,则功率损耗为 $2\times(3I)^2R=18I^2R$;若是电缆线路,则功率损耗为 $3\times(3I)^2R=27I^2R$。

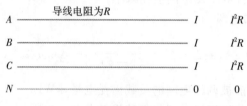

图4-2　单相二线制供电电流示意图

三、二相三线制供电

如图 4-3，将该台区换成二相三线制供电时，每相的电流为原来的 $\frac{3}{2}I$，零线中也要流过电流 $\frac{3}{2}I$。若是架空线路，则功率损耗为 $3 \times \left(\frac{3}{2}I\right)^2 R = 6.75I^2 R$；若是电缆线路，则功率损耗为 $4 \times \left(\frac{3}{2}I\right)^2 R = 9I^2 R$。

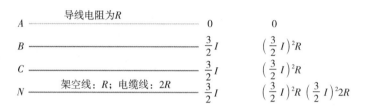

图 4-3　二相三线制供电电流示意图

分析可见架空线路三相负荷平衡时线路损耗最小，线损最低。根据以上关系式得出：当线路单相供电时要比三相负荷平衡供电时线损增加 6 倍；当线路两相供电时要比三相负荷平衡供电时线损增加 2.25 倍。

《农村低压电力技术规程》规定配电变压器的三相负荷应尽量平衡，不得仅用一相或两相供电。为保障公用变负荷的三相平衡，减少接户线线损，接户线应三相平衡搭接，对三表位及以上的单相表箱应采用三相供电，以平均分配负荷。

因此需将负荷三相平衡要求纳入台区建设设计，单元区域内，按照不同的用电性质和用电时段，按相位进行搭配接线设计，力求区域内的三相负荷就地平衡。

一般通过三相负荷电流不平衡率来判断三相负荷平衡程度，计算公式为：

$$K = I_N / (I_U + I_V + I_W) \times 100\%$$

根据《架空配电线路设备运行规程》规定变压器三相负荷电流不平衡率不允许超过 15%，零线电流不得大于额定电流的 25%。

因此，在运行中要经常测量台区各端三相负荷电流，及时发现不平衡情况，依据"计量点平衡、各支路平衡、主干线平衡、变压器低压出口侧平衡"的"四平衡"原则实施负荷调整。

台区的"四级平衡"顺序为：

（1）表箱平衡：根据负荷特点搭配接线设计使表箱三相平衡，不能达到平衡，交上一级表箱进行二次调整。

（2）分支线平衡：一条分支线划上的一个或多个单元负荷实现区域平衡。不能平衡的,交上一级单元区域进行二次调整。

(3) 主干线平衡:每条分支线实现三相电量相等。

(4) 公变低压出口侧平衡:台区三相电量相等负荷平衡。

在日常业扩管理中,对于新报装的客户,依据核定的客户用电容量与用电性质及用电时段等,初步估算该报装户的月度用电量,进行模拟核算,确定接线相位,组织装表接线。

四、台区三相负荷平衡优化案例

某配电台区线损率高,该台区配电变压器容量为 315kVA,供电半径最长 800m,该配变台区 267 户月用电量 12591kWh,没有大的动力用户,户均月用电 46.98kWh,低压线损一直 12% 左右,用钳流表测量变压器出口侧 24h 电流平均值为:

$$I_U = 9A, I_V = 16A, I_W = 35A, I_N = 21A$$

三相负荷电流不平衡率计算为:

$$I_{av} = (9 + 16 + 35)/3 = 20(A)$$

$$K = (I_{max} - I_{av})/I_{av} = (35 - 20)/20 \times 100\% = 75\%$$

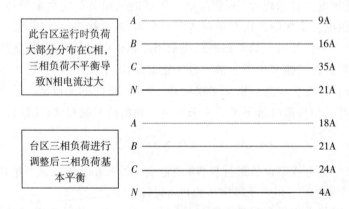

图 4-4　三相负荷电流不平衡调整前后电流对比图

由上述得出三相负荷不平衡度为 75%,超出规定范围的 15%。为此,某公司组织安排人员用两天时间对该台区三相负荷进行调整,调整后在变压器出口侧进行测量,如图 4-4 所示,用钳流表测量 24 小时电流平均值为:

$$I_U = 18A, I_V = 21A, I_W = 24A, I_N = 4A$$

$$I_{av} = (18 + 21 + 24)/3 = 21(A)$$

$$K = (I_{max} - I_{av})/I_{av} = (24 - 21)/21 \times 100\% = 14.29\%$$

由上述得出配电变压器出口三相负荷电流不平衡率已经降低 15% 以下,不平衡率已达到合理范围之内。

在运行 10 天后计算线损率为 4.65%,比调整前降低了 7.35 个百分点。

除影响线损率外三相负荷不平衡还造成其他影响:

(1)降低线路和配电变压器的供电效率;

(2)会因重负荷相超载过多,可能造成某相导线烧断、开关烧坏甚至　配电变压器单相烧毁等严重后果;

(3)接在重负荷相的单相用户易出现电压偏低,而接在轻负荷相的单相用户易出现电压偏高。

第七节　加强电力网维护

电力网在实际运行中可能存在带电设备绝缘不良而有漏电损耗,这种损耗可以通过加强电力网的维护工作来降低。有关这方面的措施如下:

(1)定期清扫线路、变压器、断路器等的绝缘子和绝缘套管。

(2)经常注意剪除与线路导线相碰的树枝。

(3)在巡线或检修过程中,注意清除鸟巢等外物。

(4)在线路的检修和施工过程中,应注意导线接头的质量。接头的电阻应满足技术规定的要求,以减少因接头电阻过大所引起的损耗。例如某线路上有 3 个导线接头,每个接头电阻为 0.01Ω,经常通过 200A 的电流,1 年的损耗电量将达 $200^2 \times 0.01 \times 3 \times 8760 \times 10^{-3} = 10410$(kWh)。电力网中导线的接头很多,如果不加注意,总的损耗电量可能相当惊人,而且接头连接不好也会影响电力网的安全运行,所以一定要按技术要求连接导线。

(5)结合线路维修和改造,逐步推广采用节能金具。

第五章　新能源接入对理论线损影响

第一节　新能源发展现状

常规能源以煤炭、石油、天然气等化石能源为主，化石能源的逐渐枯竭以及其对环境有较大影响，推进了现代能源多样化和可再生能源的发展。随着节能减排、可持续发展的要求，以风能、太阳能、生物质能等为代表的清洁、可再生能源将成为主流。根据国家能源局发布的《能源发展"十三五"规划》，(十二五)期间我国水电、风电、光伏发电装机规模和核电在建规模均居世界第一，非化石能源装机比例达到35%。我国新能源种类可按如图5-1所示划分。

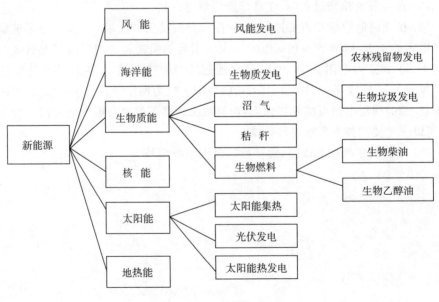

图5-1　我国新能源种类

与传统化石能源相比,新能源具有以下特点:

(1) 新能源储量巨大,普遍具备可再生特性;

(2) 新能源的能量密度分布相对比较低,分布范围较广;

(3) 新能源发电环境污染少,碳排放低;

(4) 部分新能源受环境、天气等影响较大,具有间歇性、随机性的特点,稳定性较差,可调度差。

目前高效节能环保的可再生分布式发电所占比例越来越大。其中太阳能发电和风力发电是大力发展的分布式能源之一,二者都是通过发电设备直接把自然能量转换成电能,所以其输出稳定性很差。因此,如何将这些自然能源与可储藏的小型水力发电机或其他可储藏能源、储能电池等相匹配,改善其输出的稳定性,并减少其功率波动对并网系统电能质量的影响,是可再生能源重点发展的方向之一。

第二节　分布式发电分类及原理

常规能源一般通过集中发电、远距离输电,形成大电网互联;而新能源发电除了大规模集中接入方式,还有以分布式电源形式接入配电网的方式。

分布式电源(distributed generation,DG)是指直接布置在配电网或分布在负荷附近的发电设施。相较于传统集中式发电,发电规模一般不大,大约在几千瓦至几十兆瓦。国际大型电力系统委员会(CIGRE)定义分布式电源是"非经规划的或中央调度型的电力生产方式,通常与配电网连接,一般发电规模在 $50 \sim 100MW$ 之间"。分布式电源接入位置相对靠近用户负荷,是对于传统集中供电方式的一种补充,而传统电网与分布式电源相结合的方式是当今公认的能够节省投资、降低能耗、提高电力系统可靠性和运行灵活性的重要方式,是 21 世纪电力发展的一重要方向。

分布式电源按其使用能源分类一般包括太阳能发电、风力发电、水力发电、生物发电、燃料电池(Fuel Cell)、微型燃气轮机(Micro - turbines)发电等。表 5 - 1 分析了各种分布式电源的输出特性。其中稳定性是指输出特性的稳定,可控性是指从外部加入控制信号时分布式发电(DG)的经济性、输出特性的可控制程度。

表 5-1　各种小型电源的分类与输出特性

能源	分布式电源	出力特性	
		稳定性	可控性
自然能源	太阳光	差	差
	风能	差	差
	小水利	好	差
	生物能	好	较差
化石燃料	燃料电池	好	好
	内燃机	好	特好
	燃气轮机	好	特好
	以上＋热能供应	好	中
生活废弃物(垃圾发电)		中	中

一、太阳能光伏发电

太阳能发电是当今应用最广泛、最具发展前景的能源。我国太阳能资源较为丰富,有三分之二的土地面积年均日照小时数大于两千小时。太阳能光伏电池(Photovoltaic Cell,PVC)通过半导体材料的光电感应将太阳光能直接转化为电能,在太阳光照射下电池吸收光能并产生光生电子,在电场作用下光生电子出现在电池两端,当积累到一定量时产生光生电压,进而产生光生电流,从而获得电能输出。太阳能光伏发电输出功率值与当下天气状况有关,尤其受光照强度及温度影响,日间太阳能光伏发电可以向用户及电网提供电能,夜间没有光照的情况下无法输出电能。不同天气下典型光伏出力日曲线如图 5-2 所示。

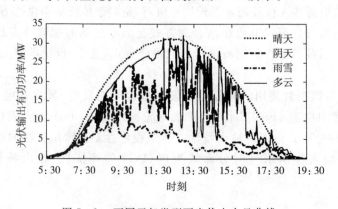

图 5-2　不同天气类型下光伏出力日曲线

目前太阳能光伏发电并网系统可以分为两类：

（1）集中式大型联网光伏发电系统和分散式小型联网光伏发电系统。前者的主要特点是将所发出的电能直接输送到电网上，并由电网统一调度向负荷供电。但是大型联网光伏发电系统初期投资巨大，建设期比较长，对于控制和配电设备要求高，需要占用大片土地。

（2）分布式光伏系统，尤其是和建筑相结合的住宅屋顶光伏系统，由于距离负载较近，所发出的电功率直接分配到用户负载上，是分散住宅光伏系统的主要特点。根据国家电网办 2012 年印发的有关规定，分布式光伏指位于用户附近，所发电能就地利用，以 10kV 及以下电压等级接入电网，且单个并网点总装机容量不超过 6MW 的光伏发电项目。由于分布式光伏建设容易，投资较小，在政策扶持和激励作用下备受青睐，发展迅速。

二、风力发电

风力发电技术是通过风力发电机将风能转化为电能的一种发电技术，实现简单，建设周期短，可解决海岛、偏远地区等地势复杂条件下的供电需求，因此前景广阔，在全世界范围内得到了迅速的发展。

风机叶片的作用将流动空气所具有的动能转化为风轮旋转的机械能。风力发电机的风轮一般由 2 个或 3 个叶片组成，风力发电机的调向器主要作用是使风力发电机的风轮叶片随时都迎着风向，这样都能最大限度获取风能。风力发电机的功率输出与风速有着密切关系，在风速波动较大时，风力发电机功率输出也极不稳定。

风力发电主要有三种运行方式。

（1）独立运行，也可称为孤岛运行，一般为小型风力发电机（10kW 以下）采用直流发电系统并配合蓄电池等储能装置独立运行，向用户供电。

（2）风力发电与其他发电形式互补运行，一般为中型风力发电机（从几十千瓦到几百千瓦）与柴油发电机或其他发电装置并联互补运行，这种方式可以弥补风速变化带来的输出功率突然变化的不足，从而保证一年四季均衡供电。

（3）风力并网发电，将并网型风力发电机组按照地形和风向排成阵列，组成机群向电网供电。一般为中型或大型风力发电机（1000kW 以上）采用。

这三种运行方式目前都有一定发展，在社会上运用较多的是第一种和第三种。

三、燃料电池发电

燃料电池是一种在恒温下，通过化学反应将燃料和氧化剂所散发出来的化学能转化为电能的装置，它并不燃烧燃料，而是通过电化学的过程离子的定向移动形成电流。由于可直接将化学能转化为电能,燃料电池没有传统火力发电机那样的锅炉、汽轮机和发电机,因此可以避免能量中间转换过程中的损失,发电效率极高。燃料电池发电厂主要由三部分组成:燃料处理部分、电池反应堆部分和电力电子换流控制部分。目前已研发的燃料电池根据其电解质的不同可分为五类,聚合电解质膜电池(PEM)、碱性燃料电池(AFC)、磷酸型燃料电池(PAFC)、固体电解质燃料电池(SOFC)和熔融碳酸盐燃料电池(SOFC),其中 PAFC 是目前技术成熟且已商业化的燃料电池。

燃料电池的工作方式是将燃料和氧化剂分别储存于电池外,只有当电池工作时,燃料和氧化剂才被送入电池的两极,同时排出反应生成物和反应产生的热量。不同燃料电池只决定其功率输出的大小,而其储能量取决于燃料和氧化剂的供应量。燃料电池具有巨大的潜在优点:① 其副产品是热水和少量的二氧化碳,通过热电联产或联合循环综合利用热能,燃料电池的发电效率几乎是传统发电厂发电效率的 2 倍;② 排废量小(几乎为零)、清洁无污染、噪音低;③ 安装周期短、安装位置灵活,可以省去配电系统的建设。

四、微型燃气轮机发电

微型燃气轮机是一种新型热力发电机,单机功率输出比较小。大约 30 ~ 300kW。微型燃气轮机基本技术为采用径流式叶轮机械以及热量循环,以天然气、甲烷、汽油、柴油为燃料,工作原理是将离心式压气机输出的高压空气在回热器内预热,之后在燃烧室与燃料混合燃烧,将高温燃气送入向心式涡轮机做功,从而带动高速发电机发电。其发电效率可达 30%,如实行热电联产,效率可提高到 75%。微型燃气轮机工作原理如图 5-3 所示:

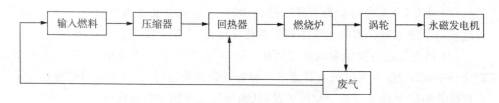

图 5-3　微型燃气轮机发电

微型燃气轮机体积小、质量轻、发电效率高、运行维护简单,是目前技术最为成熟、商业竞争力最大的分布式电源之一。目前研制的微型燃气轮机具有可多台联接扩容、多燃料、低噪音、运行可靠性高、出现问题可及时诊断解决等众多突出特点。微型燃气轮机的推出增加了分布式电源面向较小用户的可能性。此外微型燃气轮机在交通运输和救灾车、军车乃至边境防卫方面具有优势,故而从社会抢险救灾及国家安全方面来看,发展微型燃气轮机也极其重要。

第三节　　分布式发电接入配电网方式

一、按接入容量的 DG 接入模式分类

（1）低压分散接入模式：对于小容量 DG，直接配置在用户负荷附近，接入配电变压器低压侧，该种接入模式下 DG 最靠近用户负荷。

（2）中压分散接入模式：对于容量中等的 DG，可采用接入中压配电线路支线的方式。

（3）专线接入模式：对于容量较大的 DG，为避免其对用户电能质量产生影响，一般以专线形式接入高压变电站的中、低压侧母线。

二、按接入方式的 DG 的接入模式分类

表 5 - 2 总结了不同 DG 的并网方式，主要有以下三种：通过电力电子装置并网、通过异步发电机并网以及通过同步发电机并网。

表 5 - 2　分布式电源容量及其并网形式

分布式电源	容量范围	并网形式
太阳能光伏发电	W ~ kW	电力电子装置
风力发电	W ~ MW	异步发电机电力电子装置
微型燃气轮机	kW ~ MW	电力电子装置
燃料电池	kW ~ MW	电力电子装置
地热能	kW ~ MW	同步发电机
海洋能	kW ~ MW	同步发电机

1. 通过异步发电机直接并网

目前风力发电机组多通过异步发电机并网，此时异步发电机吸收风机提供的机械能，发出有功功率，同时从电网或电容器吸收无功功率提供其建立磁场所需的励磁电流。

2. 通过同步发电机直接并网

以风机的同步并网方式为例，同步并网方式瞬态电流小，引起的电网冲击小，但由于并网条件较为严苛，对控制系统要求很高，费用相对较贵，一般只有较大型的风电机组才会采用。

2. 通过电力电子装置并网

一些先进的同步风力发电常采用交—直—交的接入方式,可先把发出的交流变成直流,然后再逆变成工频交流接入用户或电网。由于采用频率变换装置进行输出控制,风机并网时没有电流冲击,对系统几乎没有影响,此外同步发电机的工作频率与电网频率彼此独立,不会发生直接并网运行时可能出现的失步问题。同时,控制电路可结合阻抗匹配和功率跟踪反馈来调节输出负荷,使风电机组按最佳效率运行,整个串联系统的总功率输出达到最大。

除风力发电外,还有其他分布式发电方式需要采用电力电子装置并网。如太阳能光伏组件、燃料电池和储能系统发出的均是直流电,需要通过电压源型逆变器与电网连接,如图 5-4 所示。微型燃气轮机发出的是高频交流电,需要通过AC/DC/AC 或 AC/AC 变频后并网。

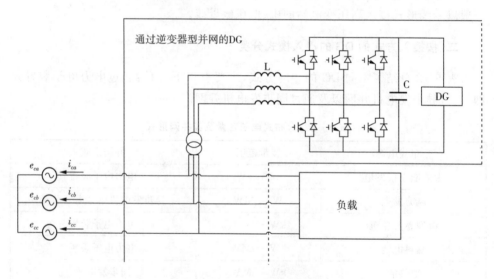

图 5-4　电力电子装置并网图

第四节　分布式电源接入配电网对线损的影响

大规模分布式电源接入配电网,给配电网带来了多方面的影响。首先,配电系统将由原有的单电源辐射式网络变为用户互联和多电源弱环网络,电网潮流的分布形式将发生根本性的变化,加上大规模分布式电源出力的随机性使得电力系统运行更加复杂,负荷大小和方向都很难预测,这使得网损不但与负载等因素有关,还与系统连接的电源具体位置和容量大小密切相关。

一、DG 并网方式对线损的影响

（1）通过同步发电机接入配电网方式：由于同步发电机可以向系统同时输入有功功率和无功功率，可以补充系统中变压器、异步电动机等感性负载的无功消耗。在同步发电机并网后，可通过调节发电机的励磁电流改变发电机输出的无功功率，能够帮助减少系统损耗，并对配电网电压起到支撑作用。

（2）通过异步感应式发电机接入配电网方式：异步发电机向系统输入有功功率，但由于励磁的需要，另外也为了供应定子和转子漏磁所消耗的无功功率，需要从系统吸收无功功率，因此会降低电网的功率因数，可能增加配电网损耗、恶化输电线电压水平，需要配备无功补偿装置或同步发电机调节进行无功补偿。

（3）通过电力电子装置接入配电网方式：通过电力电子装置可以实现并网频率和功率的控制，以光伏发电为例，其光伏逆变器基本原理结构如图 5-5 所示。

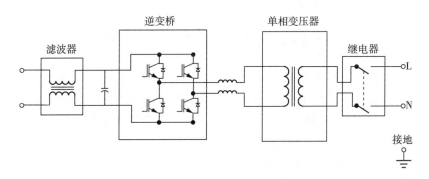

图 5-5　光伏逆变器基本原理结构

并网逆变系统损耗主要包括：功率器件、滤波电感、滤波电容、直流母线电容、保险丝、接触器、断路器、变压器等。大功率光伏并网逆变器中功率器件是 IGBT 及它上面的反并联二极管，存在导通损耗、开关损耗等，且损耗的大小与调制方式有关，对于 SVPWM 调制方式下的功率器件损耗小于 SPWM 调制方式下的损耗。这些功率损耗一方面使逆变器效率降低，另一方面会导致器件温度升高，过高时甚至会导致器件的损坏。

二、DG 接入位置和容量对线损的影响

电网的损耗与系统潮流分布、负载情况及网架结构等密切相关，在分布式电源接入配电网后，不仅改变了电网网架结构，也使得原来单电源供电的配电网变为多源网络，继而配电网的潮流也可能由原来的单向流动变为双向，整个配电网的负荷分布发生了变化，随之将引起配电网损耗的变化。影响配电网络损耗的因素主要

包括:网络拓扑结构、DG 接入节点位置和相对于节点的负荷的容量。

下面以分布式光伏为例,从分布式电源的安装位置、安装容量等方面分析电网损耗。图 5-6 为一条配电线路拓扑图。

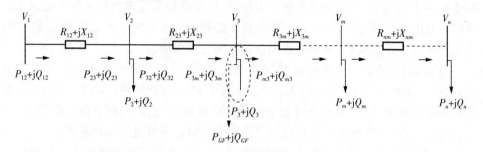

图 5-6 配电线路拓扑图示例图

在图 5-6 中节点 3 注入

$$V_n = V_{n-1} + \Delta V_{n-1,n} = V_{n-1} - \frac{P_{n-1,\,n}R_{n-1,n} + Q_{n-1,\,n}X_{n-1,n}}{V_{n-1,n}} \qquad (5-1)$$

由上述公式可见,节点电压与线路传输功率密切相关,而线路传输功率与负荷功率相关,因此注入光伏电源后,导致线路传输功率与节点电压发生改变。集中供电的配电网一般呈辐射状,稳态运行状态下,电压沿馈线潮流方向逐渐降低。接入光伏电源后,由于馈线上的传输功率减少,沿馈线各负荷节点处的电压被抬高,可能导致一些负荷节点的电压偏移超标,其电压被抬高多少与接入光伏电源的位置及总容量大小密切相关。

在配电网接入光伏电站后,输送功率单相流动的传统情况可能改变,可将负荷节点视为 PQ 节点,光伏电源视为功率为负的负荷,采用前推回代算法进行具体量化分析。

1. DG 接入位置对配电网线损的影响

结合图 5-7、图 5-8 分析潮流计算结果可知,光伏电站的接入可以改变系统的潮流分布,首端的输入

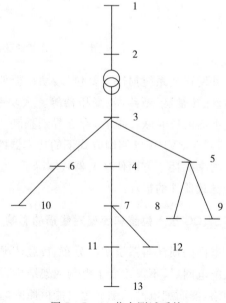

图 5-7 13 节点测试系统

功率减小,对于各个节点的负荷来讲,其所需功率由首端变电站和并网的光伏电站共同提供,在并网的光伏电站接入位置不远于首端电源的情况下,传输的功率损耗将减小。光伏电站的并网,可以有效地降低配电网的网损。系统的网损率与光伏电站的接入位置有关,在馈线上系统网损率先降低后升高,其最低值出现在馈线中部。由此可见,对于辐射状链型支路来说,以网损最小为目标,满足电压约束的条件下,可以考虑在馈线负荷中心附近并入光伏电站。

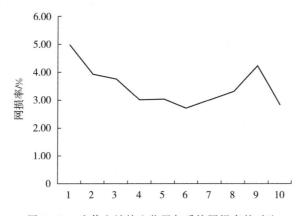

图 5-8　光伏电站接入位置与系统网损率的对比

2. DG 接入容量对配电网线损的影响

在 13 节点接入光伏电源,其节点类型设为 PQ 节点。随着接入容量的增加,系统总网损变化趋势如图 5-9 所示。

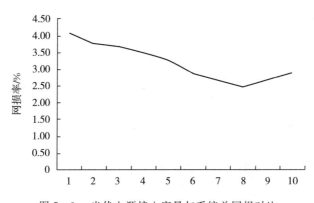

图 5-9　光伏电源接入容量与系统总网损对比

可以看出,在接入位置不变时,随着光伏电站并网容量的增大,系统总网损呈现出的变化规律是先减小后增大。这表明光伏电站的并网容量增大时,支路潮流可能发生反相,从而进一步减小系统的网损。但当其并网容量与该节点负荷和该节点附近负荷容量的比重达到一定数量时,系统的网损会增大。

在满足上述节点电压约束条件下,接入的光伏电站容量如果大于该节点负荷容量,可能会引起该条支路的功率流动方向发生改变,当其接入的容量足够大时,甚至会引起部分区域及至全网潮流分布的改变,进而改变配电网的网损。

在图 5-11 所示处接入一个容量为 $P_{DG}+jQ_{DG}$ 的 DG 设 $R+jX$ 为线路总阻抗,$k\%$ 为 DG 接入位置到送端的距离占线路的百分比。配电网线损可分为两部分:送端母线到 DG 之间的线路损耗设为 ΔP_1,DG 到受端母线之间的线路损耗设为 ΔP_2。

当线路中没有 DG 加入时,此时馈线总的线损:

$$\Delta P_L = \frac{(R+jX)(P_L^2 + Q_L^2)}{U^2} \tag{5-2}$$

式中 U 为系统输电线的线电压

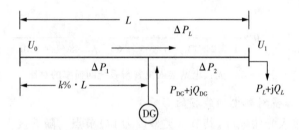

图 5-11　接入 DG 的理想配电网模型

接入 DG 后,系统总的损耗:

$$\Delta P_{DG} = \Delta P_1 + \Delta P_2$$

$$= \left(\frac{P_L^2 + Q_L^2}{U^2}\right)(R+jX) + \left(\frac{P_{DG}^2 + Q_{DG}^2 - 2P_L P_{DG} - 2Q_L Q_{DG}}{U^2}\right) \tag{5-3}$$

$$(R+jX) \cdot k\%$$

接入 DG 后相对于未接入 DG 的电能损耗增量 ΔP_{Loss}

$$\Delta P_{Loss} = \Delta P_{DG} - \Delta P_L$$

$$= \left(\frac{P_{DG}^2 + Q_{DG}^2 - 2P_L P_{DG} - 2Q_L Q_{DG}}{U^2}\right)(R+jX) \cdot k\% \tag{5-4}$$

$$= \left(\frac{P_{DG}(P_{DG} - 2P_L) + Q_{DG}(Q_{DG} - 2Q_L)}{U^2}\right)(R+jX) \cdot k\%$$

可以看出,DG 接入配电网后,线损与 DG 的接入位置、接入容量和功率因数有关:当 DG 的有功和无功输出量均小于两倍的负荷量时,DG 的接入使得配电网的电能损耗减小;当 DG 的有功和无功输出量均等于两倍的负荷量时,DG 接入前后线损不变;当 DG 的有功和无功输出量大于两倍的负荷量时,网络潮流逆向,此时 DG 的接入反而使得电能损耗增加。

综上所述,按节点负荷和分布式电源出力大小的关系,可以分三种情况考虑在负荷附近接入 DG 对配电网网损的影响。

(1)配电网中任一处接入 DG 的发电量小于所有负荷节点处的负荷量,此时 DG 的接入减小了配电网络中的系统潮流,因此网络所有线路的损耗均减小,DG 的接入可以减少配电网损耗。

(2)配电网中接入的分布式电源总体发电量小于系统总负荷量,但至少有一个节点处的负荷量小于该节点接入的 DG 的发电量,此时系统主要潮流方向总体没有改变,网络损耗总体仍减小,但是 DG 的接入可能会造成配电网某些线路的损耗增加。

(3)配电网中接入的分布式电源总体发电量大于系统总负荷量,但总体发电量小于两倍的总负荷量时,此时 DG 的接入可以减少配电网总体损耗,但具体线路损耗如何变化需具体分析计算。

(4)配电网中接入的分布式电源总体发电量大于两倍的总负荷量时,系统总体潮流反向,不仅线路损耗增加,还可能出现对上一电压等级的功率倒送。原本用来降压的中压配电变压器在升压过程中,不仅允许通过容量有所下降,还会引起传输功率的损耗的大幅提升,系统网损大幅增加。

同时,用可再生能源发电的 DG 输出电能受气候等因素影响,有明显的随机特性和季节性,不能提供持续的电力能源,同时输出电量会因外界众多因素变化而产生变化。因此上面几种情况可能会交替出现,使配电网的潮流具有随机性,配电线路上的负荷潮流变化也较大。由此可见分布式电源接入配电网可能减小系统网络损耗,也可能导致网络损耗情况恶化。

由此可见,随着大量分布式电源的接入,传统配电网转化为集电能收集、传输、存储和分配于一体的新型电力交换系统。在深入分析研究分布式电源给配网带来的影响的基础上,应合理配置、设计分布式电源的接入位置及接入容量能够有效提高配电网络运行安全性、可靠性和经济性。但若是 DG 规划布局不合理,安装地点、容量与配电网络不相适应,则分布式电源不仅不能给电网带来正面作用,甚至极有可能导致负面结果,如增加电能损耗、节点电压越限、短路容量激增等。

参 考 文 献

[1] 赵畹君. 高压直流输电工程技术[M]. 北京:中国电力出版社,2011.

[2] 濮贤成,唐述正,罗新,等. 线损计算与管理[M]. 北京:中国电力出版社,2015.

[3] 党三磊,李健,肖勇,等. 线损与降损措施[M]. 北京:中国电力出版社,2013.

[4] 廖学琦,郑大方. 城乡电网线损计算分析与管理[M]. 北京:中国电力出版社,2011.

[5] 王玉学. 线损管理与降损技术问答[M]. 北京:电子工业出版社,2011.

[6] 牛迎水. 电力网降损节能技术应用与案例分析[M]. 北京:中国电力出版社,2012.

[7] 牛迎水. 配电网能效评估与降损节能手册[M]. 北京:中国电力出版社,2015.

[8] 陈珩. 电力系统稳态分析[M]. 4 版. 北京:中国电力出版社,2015.